U0617247

高职高专计算机类专业系列教材

CINEMA 4D项目化教程

主　编　陈爱群　张　敏　李辉熠　盛　静

副主编　段傲霜　郭　艳　卓惠丽　邹　新

西安电子科技大学出版社

内 容 简 介

本书基于 CINEMA 4D R21 版本，系统讲述了 CINEMA 4D 三维绘图软件的基本操作和建模、动画、渲染、动力学模拟建模等核心技术。全书共设计了 16 个项目，包括 CINEMA 4D 基础，气球字艺术字体建模、奶酪字艺术字体建模、面包字艺术字体建模、不粘锅建模、卡通剪刀建模、花瓶建模、哑铃建模、小雪糕建模、咖啡杯建模、手表建模、签字笔建模、桌布布料动力学模拟建模、窗帘布料动力学模拟建模、封口瓶布料模拟建模、圈圈糖散落动力学模拟建模等。每个项目从几何建模、摄像机与 Octane 渲染器的设置、灯光与环境的创建、材质与贴图等方面进行全过程设计，并重点介绍了 CINEMA 4D 中各类工具、命令及配套插件的使用方法。每个项目配套有微课资源，读者通过手机扫码即可查看。

本书可作为三维设计初学者的自学教材，也可作为相关学校、培训机构的教学用书(书中部分案例来源于"1+X"数字创意建模&文创产品数字化设计职业技能等级证书考试题库)，还可作为对 CINEMA 4D 有一定使用经验的读者的参考书，对 CINEMA 4D R22、CINEMA 4D R20、CINEMA 4D R19、CINEMA 4D R18、CINEMA 4D R17 等版本的用户也有参考价值。

图书在版编目(CIP)数据

CINEMA 4D 项目化教程/陈爱群等主编. --西安：西安电子科技大学出版社，2023.8
ISBN 978 - 7 - 5606 - 6977 - 9

Ⅰ. ①C… Ⅱ. ①陈… Ⅲ. ①三维动画软件—教材 Ⅳ. ①TP391.414

中国国家版本馆 CIP 数据核字(2023)第 142881 号

策　划　陈　婷
责任编辑　陈　婷
出版发行　西安电子科技大学出版社（西安市太白南路 2 号）
电　话　(029)88202421　88201467　　　邮　编　710071
网　址　www.xduph.com　　　　电子邮箱　xdupfxb001@163.com
经　销　新华书店
印刷单位　咸阳华盛印务有限责任公司
版　次　2023 年 8 月第 1 版　2023 年 8 月第 1 次印刷
开　本　787 毫米×1092 毫米　1/16　印张 13.75
字　数　321 千字
印　数　1～3000 册
定　价　35.00 元
ISBN 978 - 7 - 5606 - 6977 - 9 / TP
XDUP 7279001-1

* * * 如有印装问题可调换 * * *

前　言

　　CINEMA 4D 是由德国 MAXON 公司开发的一款三维设计和动画软件。该软件以极高的运算速度和强大的渲染插件著称，其中很多模块的功能在同类软件中代表科技进步的成果，并且在电影应用中表现突出。CINEMA 4D 应用广泛，在广告设计、电影制作、工业设计等方面都有出色的表现。

　　本书采用了项目式教学模式，在内容安排上由浅至深，循序渐进，对每个项目的重点和难点进行了详细的解析。无论是从未使用过 CINEMA 4D 软件的新手，还是曾经用过其他 CINEMA 4D 版本的用户，只要具有最基本的计算机操作能力，都能轻松地学习本书所讲解的 CINEMA 4D 的基本知识，并快速掌握 CINEMA 4D 的基本操作以及建模、动画、渲染、动力学模拟建模等动画制作技巧。本书注重基础，突出重点，实操性强，充分体现了"教、学、做合一"的教学理念，涉及的知识点非常丰富，可以有效帮助读者快速提高三维建模与三维动画制作水平。

　　陈爱群、张敏、李辉熠、盛静担任本书主编，张敏负责全书的统稿工作。具体分工如下：项目 1 由湖南大众传媒职业技术学院李辉熠编写，项目 2、项目 3 由湖南工业职业技术学院段傲霜编写，项目 4 由长沙创文文化产业发展有限公司徐子微和陈静怡编写，项目 5、项目 6、项目 7 由湖南工业职业技术学院张敏编写，项目 8、项目 9 由湖南工业职业技术学院郭艳编写，项目 10 由永州职业技术学院盛静编写，项目 11 由湖南大众传媒职业技术学院邹新编写，项目 12、项目 13 由湖南科技职业学院卓惠丽编写，项目 14、项目 15、项目 16 由长沙经济技术开发区城建开发有限公司陈爱群编写，全书的课件及视频等教学资源由长沙创文文化产业发展有限公司制作。

　　书中每个项目均配有微课资源，读者扫码即可观看。本书还配有课件、电子教案和 3D 源文件及素材，需要者可通过电子信箱 378663308@qq.com 与作者联系。

作　者

2023 年 5 月

目　录

项目 1　CINEMA 4D 基础

微课

1. CINEMA[①] 4D 概述

CINEMA 4D(简称 C4D)软件是德国 MAXON 公司研发的一款综合性的高级三维绘图软件。CINEMA 4D 以极高的图形计算速度著称，并有令人惊叹的渲染器和粒子系统。正如它的名字一样，其在各类电影制作中有着很强的表现力，在影视作品制作中，其渲染器可以在不影响速度的前提下使图像品质有很大的提高，在打印、出版、设计方面也可创造很好的视觉效果。

与其他 3D 软件(如 MAYA、3DS MAX、Softimage XS 等)一样，CINEMA 4D 同样具备高端 3D 动画软件的所有功能。与其他 3D 软件不同的是，在研发过程中，CINEMA 4D 更加注重工作流的流畅性、舒适性、合理性、易用性和高效性。现在，在电影电视拍摄、游戏开发、医学成像、建筑设计、印刷设计或网络制图等领域，CINEMA 4D 丰富的工具包都可以给用户提供更多的帮助和更高的效率。因此，使用 CINEMA 4D 会让设计师在创作设计时感到轻松愉快，也更加得心应手，可以将更多的精力置于创作之中，即使是新用户，也会觉得 CINEMA 4D 非常容易上手。

2. CINEMA 4D 的特色

1) 易懂易学的操作界面

CINEMA 4D 的用户界面中图标和操作方式具有高度一致性，即 CINEMA 4D 软件中几乎每个菜单项和命令都有对应的图标，用户可以很直观地了解到该命令的作用。

2) 快速的渲染能力

CINEMA 4D 拥有业界最快的图计算引擎，在其他三维软件中需要渲染很长时间的效果，在 CINEMA 4D 中可能实现起来更高效，特别是 CINEMA 4D 的环境吸收，其完全在 CINEMA 4D 内部完成，且效果十分理想。

3) 方便的手绘功能

CINEMA 4D 提供了 Body Paint 3D 模块，除了可直接绘制草图外，还可以在产品外观上直接彩绘，可以轻松从 2D 模式转到 3D 模式。

CINEMA 4D 包括了业界最好的绘制三维贴图的工具之一——Body Point，其性能相当于三维版本的 Photoshop。

4) 影视后期制作、电视栏目包装和视频设计

CINEMA 4D 可以将物体或灯光的三维信息输出到 After Effects，后期再进行特殊加工。

---

① 本书正文中统一采用 CINEMA 书写，部分图中采用 Cinema，二者含义相同。

与 After Effects 的完美衔接，让 CINEMA 4D 成为影视后期制作、电视栏目包装和视频设计工作者的首选。可以说，CINEMA 4D 是最适合运动图形设计师使用的软件。

3．CINEMA 4D 的未来发展状况

CINEMA 4D 简单，其操作容易上手，具有方便的文件编制功能、强大的渲染功能以及与后期软件无缝结合的能力，大大方便了设计人员。使用 CINEMA 4D 后，设计人员能专心致志地进行设计工作，真正体会视频设计行业的魅力。

CINEMA 4D 的放映绘画功能使设计师在渲染后的图像上直接绘制图像，这项功能使得在关键区域设置纹理更加容易。渲染之后的图像在 Photoshop 中进行编辑可以达到令人满意的效果。CINEMA 4D 的多通道渲染功能在项目中发挥了重要作用。它允许用户在 Photoshop 中进行选择性的修改，使设计过程更加容易。CINEMA 4D 可以简单便捷地对复杂元素进行编辑和整理。事实已经证明，CINEMA 4D 是一款强大而又实用的工具，它为创建复杂的 3D 图像提供了快捷、可靠的解决方案。CINEMA 4D 最终将成为设计人员的必备工具。

4．初识 CINEMA 4D R21

安装并运行 CINEMA 4D R21 后，首先出现的是启动界面，如图 1.1 所示。

CINEMA 4D 的初始界面由标题栏、菜单栏、工具栏、编辑模式工具栏、视图窗口、动画编辑窗口、材质窗口、坐标窗口、对象/场次/内容浏览器窗口、属性/层/构造面板和提示栏11 个区域组成，如图 1.2 所示。

图 1.1   CINEMA 4D R21 的启动界面

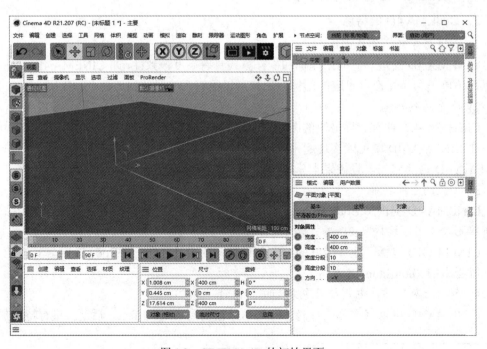

图 1.2   CINEMA 4D 的初始界面

1) 标题栏

CINEMA 4D 的标题栏位于界面最顶端，包含软件版本、软件名称和当前编辑的文件信息，如图 1.3 所示。

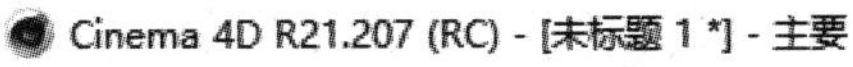
Cinema 4D R21.207 (RC) - [未标题 1 *] - 主要

图 1.3　CINEMA 4D 的标题栏

2) 菜单栏

CINEMA 4D 的菜单栏与其他软件相比有些不同，按照类型可以分为主菜单和窗口菜单。其中，主菜单位于标题栏下方，绝大部分工具可以在其中找到；窗口菜单是视图窗口菜单和各区域窗口菜单的统称，分别用于管理各自所属的窗口和区域，如图 1.4 所示。

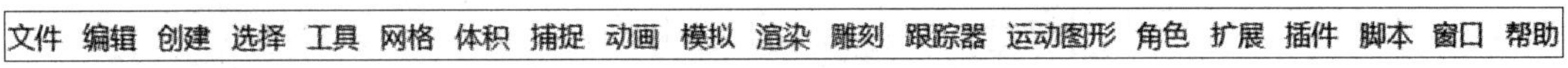
文件 编辑 创建 选择 工具 网格 体积 捕捉 动画 模拟 渲染 雕刻 跟踪器 运动图形 角色 扩展 插件 脚本 窗口 帮助

(a) 主菜单

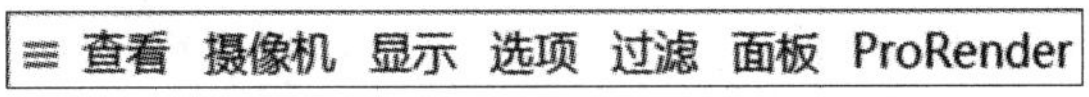
≡ 查看 摄像机 显示 选项 过滤 面板 ProRender

(b) 视图窗口菜单

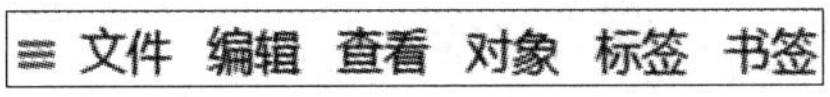
≡ 文件 编辑 查看 对象 标签 书签

(c) 对象窗口菜单

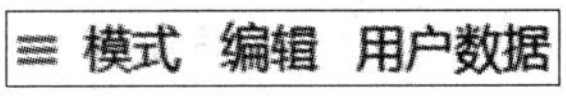
≡ 模式 编辑 用户数据

(d) 属性窗口菜单

图 1.4　CINEMA 4D 的菜单栏

(1) 子菜单。

在 CINEMA 4D 的菜单中，如果工具后带有▶按钮，则表示该工具拥有子菜单，如图 1.5 所示。

(2) 隐藏的菜单。

如果 CINEMA 4D 界面显示范围较小，不足以显示界面中的所有菜单，系统就会把余下的菜单隐藏在▶按钮下，单击该按钮即可展开菜单，如图 1.6 所示。

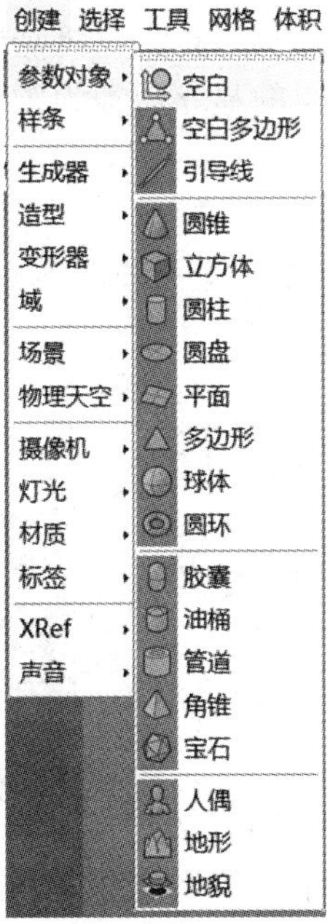
创建 选择 工具 网格 体积
参数对象
样条
生成器
造型
变形器
域
场景
物理天空
摄像机
灯光
材质
标签
XRef
声音
空白
空白多边形
引导线
圆锥
立方体
圆柱
圆盘
平面
多边形
球体
圆环
胶囊
油桶
管道
角锥
宝石
人偶
地形
地貌

图 1.5　子菜单

动画 模拟 渲染 节点空间:
雕刻
跟踪器
运动图形
角色
扩展
插件
脚本
窗口
帮助

图 1.6　隐藏的菜单

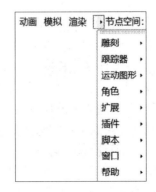

(3) 各个菜单右端的快捷按钮。

主菜单右端的 界面: 启动 (用户) 可控制界面窗口布局。

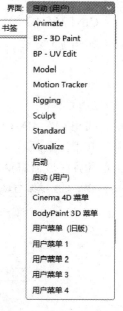

启动为默认的窗口布局,包括动画布局、三维绘图布局、UV
坐标编辑布局和标准布局等多种布局方式,如图 1.7 所示。

视图窗口菜单右端的 ✛ ↕ ↻ ⊡ 为视图操作快捷按钮,✛为
平移视图按钮,↕为缩放视图按钮,↻为旋转视图按钮,⊡为切
换视图按钮。

对象窗口菜单右端的 🔍 ⌂ ▽ ⊞ 为快捷按钮。🔍用于搜索对
象;⌂用于查找对象;单击▽按钮使其变为▼按钮,可将场景中
的所有对象分类罗列;单击⊞按钮,可在当前窗口单独创建新窗口。

属性窗口菜单右端的 ← → ↑ 🔍 🔒 ◎ ⊞ 为快捷按钮。单击
←或→按钮,将按照单击顺序切换上一个或下一个对象或者工具
的属性;单击🔍按钮可切换到工程的属性,在工程属性面板选择
一个对象或者工具的属性;单击🔒时,可锁定当前对象或者工具的
属性;选择对象的属性,然后单击◎,再选择其他类型的属性时,
其他类型的属性不能显示。

图 1.7 选择窗口布局

3) 工具栏

CINEMA 4D 工具栏位于菜单栏的下方,其中包含部分常用工具,如图 1.8 所示。使用
这些工具可以创建和编辑模型对象。

图 1.8 工具栏

工具栏中的工具可分为独立工具和图标工具组。图标工具组按类型将功能相似的工具
集合在一个图标下,长按图标即可显示工具组。图标工具组的显著特征为图标右下角带有
小三角。

图 1.8 中:

· 完全撤销按钮🔙和完全重做按钮🔜:可撤销上一步操作和返回撤销的上一步操作,
是常用工具之一,其快捷键分别是 Ctrl + Z 和 Ctrl + Y,也可执行主菜单"编辑"→"撤销/
重做"。

· 选择工具组🖱:长按该图标可显示其他选择方式,如图 1.9
所示,也可执行"选择"主菜单来进行操作。

· 视图操作工具 ✛ ⊡ ↻:分别为移动工具、缩放工具、旋转
工具,也可以执行"工具"主菜单来进行操作。

· 显示当前所选工具🔧:长按图标可显示使用过的工具。按
空格键可在当前使用的工具和选择工具之间切换。

· 坐标类工具 ⓧⓨⓩ🔒: ⓧⓨⓩ为锁定/解锁 X、Y、Z
轴的工具,默认为激活状态。如果单击关闭某个轴向的按钮,那么
对该轴向的操作就无效(只针对在视图窗口的空白区域进行拖曳)。🌐为全局/对象坐标系统

图 1.9 选择方式

工具，单击它可切换全局坐标系统和对象坐标系统。

• 渲染类工具▨▨▨：渲染当前活动视图▨，单击该按钮将对场景进行整体预览渲染；渲染活动视图到图片查看器▨，长按图标将显示渲染工具菜单，如图 1.10 所示。

渲染设置 ▨ 用于打开"渲染设置"窗口并可以设置渲染参数，如图 1.11 所示。

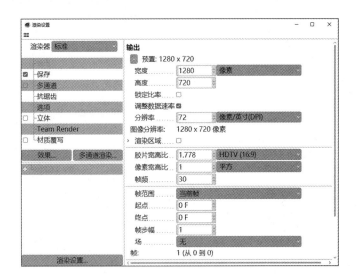

图 1.10 渲染工具菜单   图 1.11 "渲染设置"窗口

4) 编辑模式工具栏

CINEMA 4D 的编辑模式工具栏(如图 1.12 所示)位于初始界面的最左端，可以使用此工具栏对模型进行编辑。

5) 视图窗口

在 CINEMA 4D 的视图窗口中，默认的是透视视图，按鼠标中键可切换不同的视图布局，如图 1.13 所示。

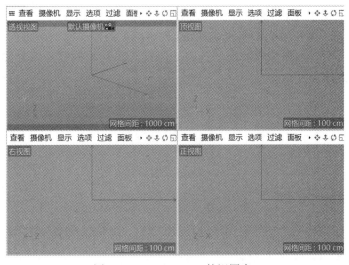

图 1.12 编辑模式工具栏   图 1.13 CINEMA 4D 的视图窗口

6) 动画编辑窗口

CINEMA 4D 的动画编辑窗口位于视图窗口下方，其中包含时间线和动画编辑工具，如图 1.14 所示。

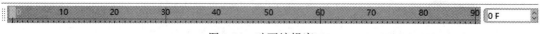

图 1.14　动画编辑窗口

7) 材质窗口

CINEMA 4D 的材质位于动画编辑窗口下方，用于创建、编辑和管理材质，如图 1.15 所示。

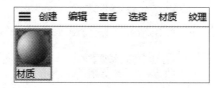

图 1.15　材质窗口

8) 坐标窗口

CINEMA 4D 的坐标窗口位于材质窗口右方，是该软件独具特色的窗口之一，用于控制和编辑所选对象层级的常用参数，如图 1.16 所示。

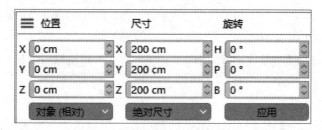

图 1.16　坐标窗口

9) 对象/场次/内容浏览器窗口

CINEMA 4D 的对象/场次/内容浏览器窗口位于界面右上方，如图 1.17 所示。对象窗口用于显示和编辑管理场景中的所有对象及其标签；内容浏览器窗口用于管理和浏览各类文件。

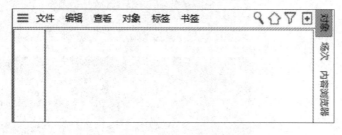

图 1.17　对象/场次/内容浏览器窗口

(1) 对象窗口。

对象窗口用于管理场景中的对象，这些对象呈树形层级结构显示，即父子级关系。如果要编辑某个对象，可在场景中直接选择该对象，也可在对象窗口中选择，选中的对象名称呈高亮显示。如果选择的对象是子级对象，那么其父级对象的名称也将高亮显示，但颜色会暗一些。对象窗口可分为 3 个区域，分别是菜单区、对象列表区、隐藏/显示区和标签区，如图 1.18 所示。

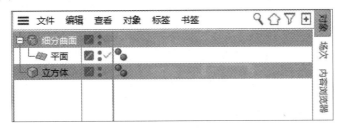

图 1.18　对象窗口

(2) 场次窗口。

场次窗口可以提高设计师的工作效率，允许设计师在同一个工程下切换视图、材质、渲染设置等各种可以想得到的工程改变。场次呈现层级结构。如果想激活当前场次，需要选中场次名称前面的方框并激活。场次面板可分为菜单栏、快捷工具栏、场次列表区和覆盖列表 4 个部分，如图 1.19 所示。

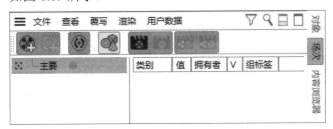

图 1.19　场次窗口

(3) 内容浏览器窗口。

内容浏览器窗口用于管理场景、图像、材质、程序着色器和预置档案等，也可添加和编辑各类文件。在预置中可以加载有关模型、材质等文件，直接将文件拖到场景当中即可使用，如图 1.20 所示。

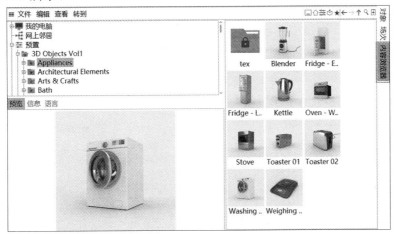

图 1.20　内容浏览器窗口

10) 属性/层/构造面板

CINEMA 4D 的属性/层/构造面板位于界面右下方，如图 1.21 所示。

图 1.21　属性/层面板

属性面板是非常重要的窗口之一，用于设置所选对象的所有属性参数。

层面板用于管理场景中的多个对象。

构造面板用于设置对象由点构造而成的参数，如图 1.22 所示。

点	X	Y	Z
0	-100 cm	-100 cm	-100 cm
1	-100 cm	100 cm	-100 cm
2	100 cm	-100 cm	-100 cm
3	100 cm	100 cm	-100 cm
4	100 cm	-100 cm	100 cm
5	100 cm	100 cm	100 cm
6	-100 cm	-100 cm	100 cm
7	-100 cm	100 cm	100 cm

图 1.22　构造面板

项目2　气球字艺术字体建模

微课

项目描述

利用 C4D 相关命令创建气球字效果，如图 2.1 所示。

图 2.1　气球字效果

具体要求如下：

(1) 在场景中创建数字。

(2) 运用挤压调节数字段数产生膨胀并压边的效果。

(3) 在场景中创建随机分布的球体装饰品，符合产品展示的规范。

(4) 给数字和环境赋渐变材质。

(5) 渲染输出 JPG 图像，输出大小为 1280 像素 × 720 像素，并保存 C4D 工程项目打包文件。

核心知识点

1. 模型段数调节

模型的段数是由"挤压对象"的"封盖"选项中的"封盖类型"决定的，其类型有 5 种，分别为三角面、四角面、N-gon、Delaunay、常规网格，如图 2.2 所示。

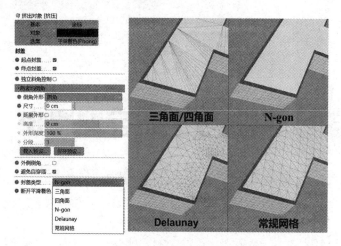

图 2.2   模型段数调节

三角面/四角面分别生成三角形和四边形，N-gon 创建一个内部看起来像量子角的多边形，三角形和四边形，N-gon 的 3 种模式不能在帽曲面上创建新点。如果帽曲面不会变形，则可以使用 N-gon 或者 Delaunay，注意细分所涉及的样条线，这些细分可能会通过"中间点"设置受到影响，细分线性样条线段对变形至关重要。Delaunay 将三角形网格添加到具有类似大的内角的帽曲面，从而防止长而麻烦的三角形，这样的网格很容易变形，而不会产生不需要的伪影，如图 2.3 所示。

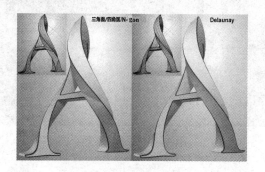

图 2.3   三角面/四角面/N-gon 与 Delaunay 对比

当使用 Delaunay 的密度创建帽曲面三角形时，外部和内部边上三角形的大小最初由基样条曲线的细分(中间点)来定义。当接近内部时，三角形的大小可能会增加。密度值越小，帽曲面内部的三角形越大，反之亦然，如图 2.4 所示。

图 2.4   密度值对比

常规网格的帽曲面由均匀方式排列且大小相似的多边形组成。如果选择 Delaunay，则由于效果的自适应性质，帽曲面上的点可以随机跳跃。如果选择"常规栅格"，此效果将显著降低。常规网格的大小用于定义封口曲面多边形的大小。启用此选项创建四边形时，Delaunay 和常规网格的四边面优先，此时不会修改任何帽曲面点，但仍会创建一些三角形，因此不能假设只有四边形。

2．Octane 渐变节点的使用

在 Octane 渐变中，如果不使用输入通道，则任何两种颜色都将相互混合。Octane 渐变节点参数面板如图 2.5 所示。

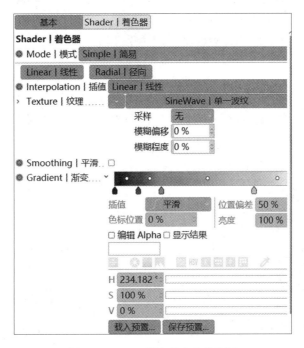

图 2.5　Octane 渐变节点参数面板

- "模式"：可以选择简单或复杂两种模式。
- "线性""径向"：选择渐变样式。
- "插值"：确定颜色从一个渐变结到下一个渐变结的混合速率。
- "纹理(输入)"：确定颜色映射到表面的方式。为了精确混合，可以在此处定义 RGB / Alpha /灰度程序或图像纹理。
- "平滑"：使混合样式平滑。
- "渐变"：自定义渐变的颜色，也可"载入预置"。

项目实施

步骤 1　单击工具栏中的 "样条画笔"，在其下拉菜单中选择 "文本"，在场景中创建文本"2022"，设置字体为 Segoe UI Black，高度为 200 cm，水平间隔为 35 cm，垂直间隔为 0 cm，如图 2.6 所示。

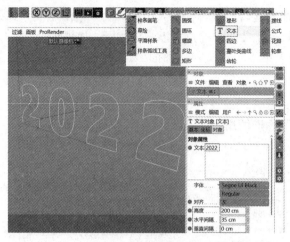

图 2.6   创建文本

步骤 2   为了方便对文字进行后期编辑，需要将其转为可编辑对象，单击鼠标右键，在弹出的菜单中选择 "转为可编辑对象 C"，也可按快捷键 C 将文字转为可编辑对象，其图标变成 ，如图 2.7 所示。

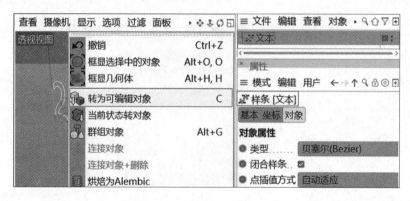

图 2.7   文本转为可编辑对象

步骤 3   将操作模式改为 点模式，单击鼠标右键，在弹出的菜单中选择 "创建轮廓"，在 "创建轮廓" 面板勾选 "创建新的对象" 并单击 "应用"，生成 "文本 1"，将 "文本" 隐藏，"文本 1" 重命名为 "2022"，如图 2.8 所示。

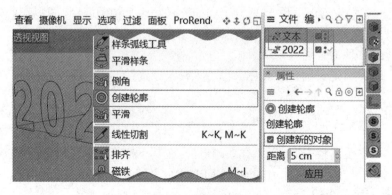

图 2.8   创建轮廓

步骤 4　选中拐弯和重叠顶点，使用键盘 Del 键删除多余的顶点，如图 2.9 所示。

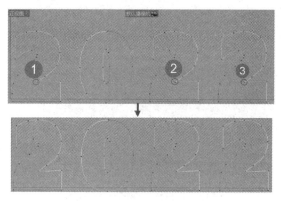

图 2.9　删除多余的顶点

步骤 5　按住 Alt 键，单击工具栏"　挤压"，在"挤压对象"面板的"对象"选项，设置对象属性移动 Z 轴为 55 cm，如图 2.10 所示。

图 2.10　设置文本挤压参数

步骤 6　为了能看清三维文本被挤压成型后的线条状态，在"视图"面板单击"显示"，在下拉菜单中选择"光影着色(线条)N~B"显示黑色线条，如图 2.11 所示。

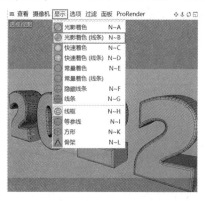

图 2.11　设置光影着色(线条)显示模式

步骤 7　在"对象"面板单击"2022","样条"属性面板的"对象"选项的点插值方式为细分,最大长度为 1 cm,如图 2.12 所示。

图 2.12　设置 2022 样条对象属性

步骤 8　选择"挤压"对象,选择属性面板的"封盖"选项的封盖类型为 Delaunay,密度设置为 35%,如图 2.13 所示。

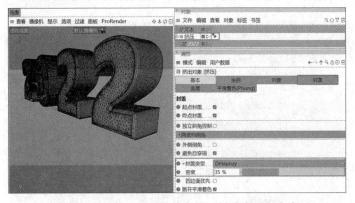

图 2.13　设置"2022"数字挤压封盖类型及密度

步骤 9　按快捷键 C 将模型转为可编辑对象,在"对象"面板单击"挤压",单击鼠标右键,在弹出的菜单中选择"模拟标签"下的"布料",如图 2.14 所示。

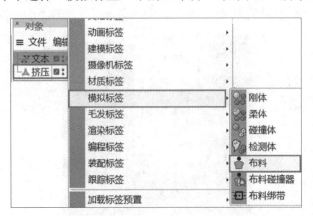

图 2.14　添加布料动力学

步骤 10　在"对象"面板下选择"挤压"的多边形模型，双击 ▲"多边形选集标签 [S]"使"2022"文本的厚度区域显示为黄色高亮，在"布料标签"属性面板选择"修整"选项，单击缝合面的"设置"，设置"步"为 20，"宽度"为 0 cm，再单击"收缩"，形成"2022"文字的气球字效果，如图 2.15 所示。

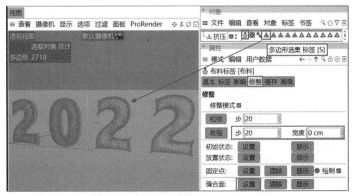

图 2.15　制作"2022"的气球字效果

步骤 11　在工具栏选择 ▦"细分曲面"按住 Alt 键，将"细分曲面"添加到"挤压"的父级命令，再在对象面板单击"细分曲面"，在属性的"对象"面板设置类型为 OpenSubdiv Loop，如图 2.16 所示。

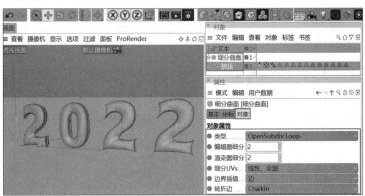

图 2.16　细分文字曲面

步骤 12　在工具栏单击 ▦ L-Object 图标，在场景中创建 L 形地面，如图 2.17 所示。

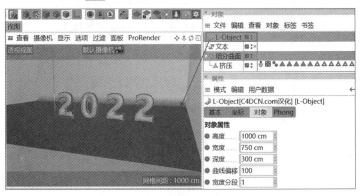

图 2.17　创建 L-Object

步骤 13   单击 OC 渲染器窗口下的"对象"菜单，在其下拉菜单中选择"Hdri 环境"创建 Octane 天空，按住 Shift+F8 键打开"内容浏览器"，搜索"HDR 预设"，选择"真实室内模拟.hdr"，将其拖到 Octane 环境标签面板着色器文件中，设置"类型"为"浮点"，如图 2.18 所示。

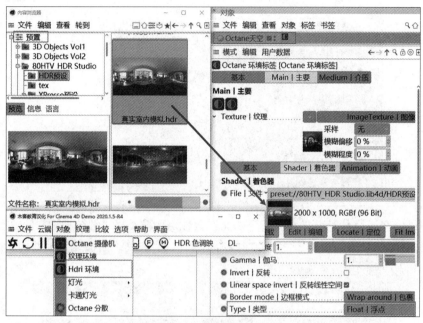

图 2.18   创建 Hdri 环境

步骤 14   单击工具栏中"增加立方体对象"，在场景中创建一个宝石，设置半径为 550 cm，分段为 1，类型为六面，按快捷键 T 或单击"缩放工具 T"放大宝石，按快捷键 R 或单击"旋转工具 R"旋转方向，如图 2.19 所示。

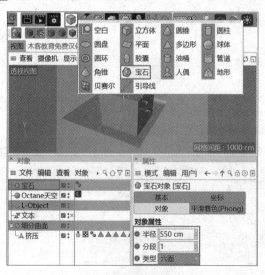

图 2.19   创建宝石

步骤 15   按住 Alt 键，单击工具栏中"晶格"为宝石创建晶格，设置"圆柱半径"

为 5 cm，"球体半径"为 5 cm，"细分数"为 8，如图 2.20 所示。

图 2.20　创建晶格

步骤 16　单击工具栏中"⬛ 增加立方体对象"，在场景中创建一个 🔵 球体，设置半径为 10 cm，分段为 32，单击"⬛ 缩放工具 T"缩小球体，如图 2.21 所示。

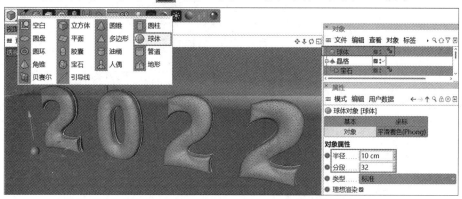

图 2.21　创建球体

步骤 17　按住 Alt 键，单击工具栏"🔷 克隆"，在"文件"面板中单击"克隆"，"克隆对象"面板中的"对象"选项的模式为网格排列，数量的 X、Y 和 Z 轴都设置为 3，如图 2.22 所示。

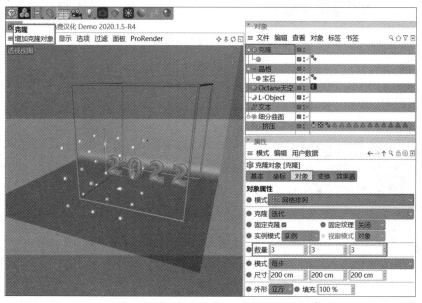

图 2.22　克隆球体

步骤 18　单击工具栏"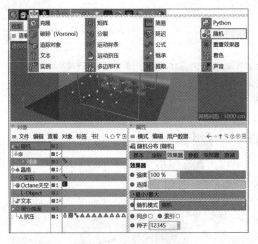随机",如果随机没效果,则在对象面板单击"克隆",并在其属性面板中选择"效果器",拉入对象面板下的"随机",如图 2.23 所示。

图 2.23　随机分布

步骤 19　单击 OC 渲染器窗口下的"纹理"菜单,在其下拉菜单中选择 "Octane 漫射材质"创建 Octane 漫射材质球,并将该材质球拖到场景中的平面上,如图 2.24 所示。

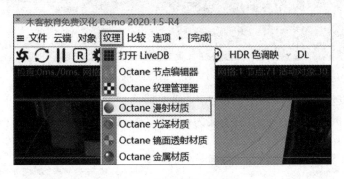

图 2.24　创建平面材质

步骤 20　在材质的属性面板,选择"Diffuse 漫射"选项卡,设置颜色为紫色,如图 2.25 所示。

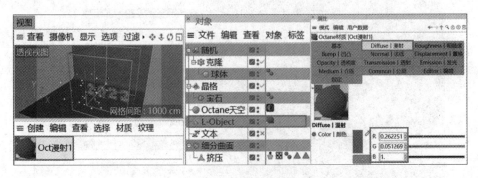

图 2.25　设置平面材质

步骤 21　单击 OC 渲染器窗口下的"纹理"菜单,在其下拉菜单中选择 "Octane 光泽材质"创建 Octane 光泽材质球，并将该材质球拖到场景中的气球上，如图 2.26 所示。

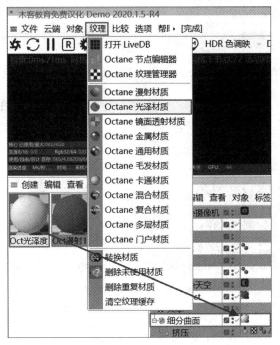

图 2.26 创建气球材质

步骤 22 将"Octane 节点编辑器"窗口左侧"Octane 渐变"拖到"Octane 节点编辑器"窗口中，将"Octane 渐变"连接到材质球的"漫射"选项中，选中"Octane 渐变"的着色器，先单击"线性"，再单击"载入预置"选择合适的颜色，如图 2.27 所示。

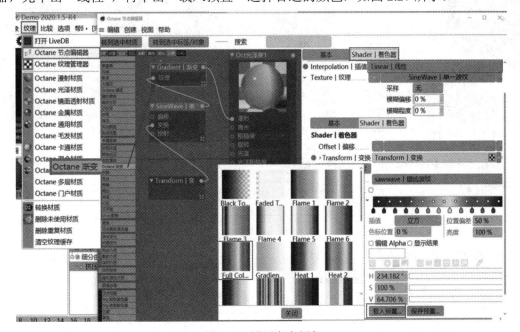

图 2.27 设置渐变颜色

步骤 23 选中"Octane 渐变"的变换，变换数值 R.Z 设置为 24，选中"Octane 光泽材质"的粗糙度，设置粗糙度的"浮点"为 0.2，如图 2.28 所示。

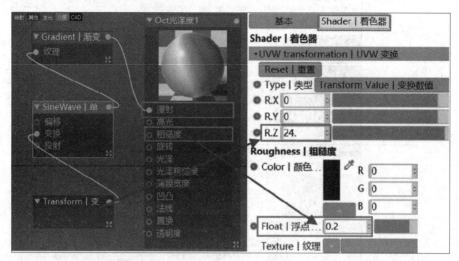

图 2.28   设置气球材质

步骤 24 单击 OC 渲染器窗口中的"纹理"菜单，在其下拉菜单中选择 "Octane 光泽材质"创建 Octane 光泽材质球，并将该材质球拖到球体上，如图 2.29 所示。

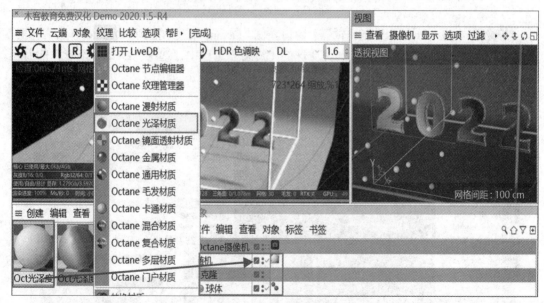

图 2.29   创建球体材质

步骤 25 将"Octane 节点编辑器"窗口左侧"随机颜色"和"高斯光谱"拖到"Octane 节点编辑器"窗口中，将"随机颜色"连接到"高斯光谱"的"波长"选项中，再将"高斯光谱"连接到材质球"漫射"选项中，选中"高斯光谱"的着色器，设置宽度值为 0.055，如图 2.30 所示。

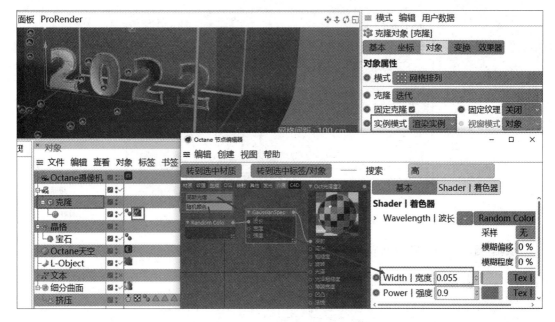

图 2.30　设置球体材质

步骤 26　单击 OC 渲染器窗口中的 "设置" 工具，打开 Octane 设置对话框，设置路径追踪的 "最大采样" 为 500，"漫射深度" 为 16，"镜面深度" 为 16，"散射深度" 为 8，"全局光照修剪" 为 1，如图 2.31 所示。

图 2.31　设置 Octane 路径追踪参数

步骤 27　单击 "摄像机成像" 选项卡的 "成像"，设置 "滤镜曲线" 为 DSCS315_2，如图 2.32 所示。

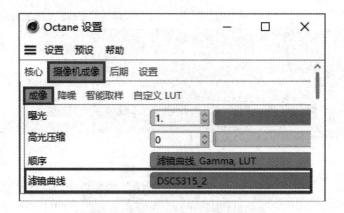

图 2.32　设置"滤镜曲线"

步骤 28　单击"摄像机成像"选项卡下的"降噪",勾选"开启降噪",如图 2.33 所示。

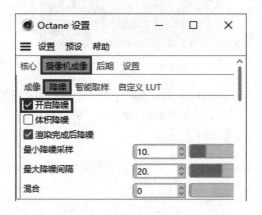

图 2.33　勾选"开启降噪"

步骤 29　单击"后期"选项卡,勾选"启用",设置"辉光强度"为 20,如图 2.34 所示

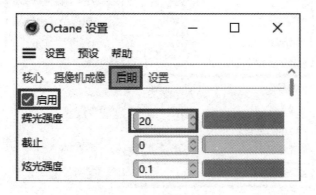

图 2.34　设置"辉光强度"

步骤 30　单击工具栏"　　编辑渲染设置",在渲染设置窗口选择 Octane Renderer 渲染器,点击"输出"设置为 1280 像素 × 720 像素,如图 2.35 所示。

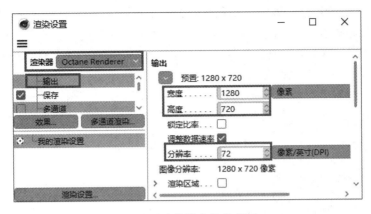

图 2.35　设置渲染输出像素/英寸(DPI)

步骤 31　在渲染设置窗口中选择"保存"选项,设置保存的"格式"为 JPG,如图 2.36 所示。

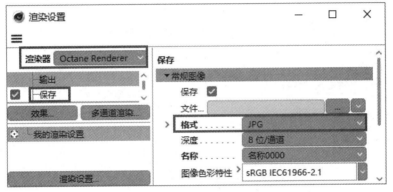

图 2.36　设置保存格式

步骤 32　在渲染设置窗口中选择"Octane Renderer"选项,设置"图像颜色配置文件"为 sRGB,"色调映射类型"为色调映射,如图 2.37 所示。

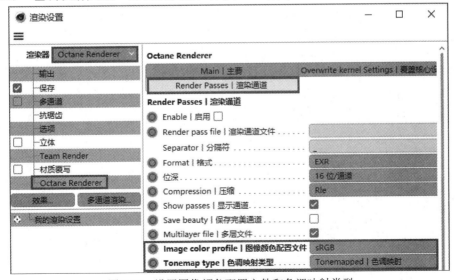

图 2.37　设置图像颜色配置文件和色调映射类型

步骤 33　单击工具栏"▶渲染到图片查看器工具",在图片查看器窗口预览渲染效果图,单击"🖫将图像另存为"图标,将渲染的最终效果图保存到指定位置,如图 2.38 所示。

步骤 34　保存 C4D 工程项目并进行文件打包,单击菜单栏"文件"→"保存工程(包含资源)"选项,进行文件保存命名及打包,如图 2.39 所示。

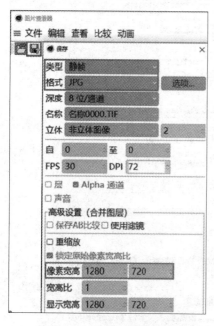

图 2.38　保存渲染效果图

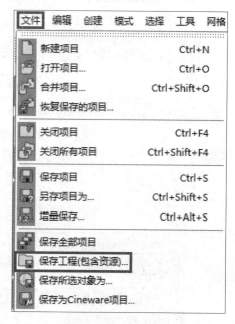

图 2.39　保存 C4D 工程项目

项目 3　奶酪字艺术字体建模

微课

项目描述

利用 C4D 的相关命令创建奶酪字效果，如图 3.1 所示。

图 3.1　奶酪字效果

具体要求如下：

(1) 在场景中创建数字。

(2) 使用雕刻界面或者"雕刻"菜单的"细分"、"笔刷"菜单的"拉起"制作奶酪字。

(3) 给数字赋光泽材质，场景中创建和调节区域光。

(4) 渲染输出 JPG 的图像，输出大小为 1280 像素 × 720 像素，并保存 C4D 工程项目打包文件中。

核心知识点

雕刻(实际上是数字雕刻)是一种与传统建模方法完全不同的建模方法。传统建模方法在本质上往往非常技术化或抽象(使用挤出、切割、多边形生成等)，而雕刻则基于更自然、更艺术的方法。单击"界面"菜单下的"Sculpt"启动雕刻模块界面，如图 3.2 所示。

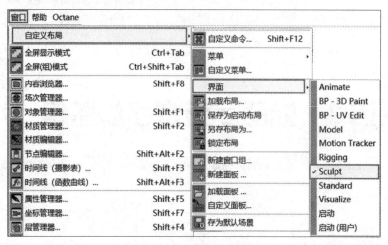

图 3.2   启动雕刻模块界面

为了更方便地使用雕刻功能，可在 C4D 软件中不更改界面的状态下，单击"网格"菜单下的"雕刻"和"笔刷"，将这两种工具单独放置在左侧工作区域边缘，如图 3.3 所示。

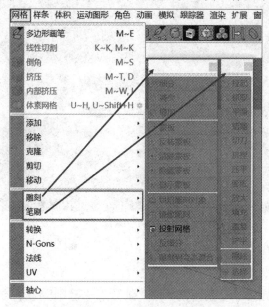

图 3.3   雕刻工具和笔刷工具菜单栏

1. 雕刻菜单栏

- "细分"：将雕刻对象增加细分一个级别。第一次时将添加一个雕刻标签，并将其启动继续雕刻。
- "减少"：减少雕刻对象的细分级别。
- "增加"：增加雕刻对象的细分级别。
- "蒙板"：对雕刻对象表面上的一块区域设置蒙板，使其不受任何笔刷的使用。
- "反转蒙板"：对雕刻对象当前所选层设置反转蒙板。
- "清除蒙板"：对雕刻对象当前所选层设置清除蒙板。
- "烘焙雕刻对象"：烘焙雕刻对象。

- "反细分"：为对象提供较低细分级别，并将其转换为可雕刻对象。
- "雕刻到姿态混合"：使用雕刻层作为姿态混合，以创建新的多边形对象。

2．笔刷菜单栏

- "拉起"：推拉表面。
- "抓取"：抓取表面将其从表面上拉伸开来。
- "平滑"：理顺顶点的位置使表面平滑。
- "蜡雕"：使用蜡雕笔刷以添加扁平蜡条的方式塑造表面。
- "切刀"：切入表面形成细小折痕，或抓起表面形成细脊。
- "挤捏"：将顶点挤捏在一起。
- "压平"：通过移动顶点压平表面，使其在同一平面。
- "膨胀"：沿着其法线移动顶点。
- "放大"：通过移动点远离笔刷，放大表面的差异。
- "填充"：在表面上填充缝隙。
- "重复"：沿着笔刷的线条，创建一个可重复的模式。
- "铲平"：铲掉凸起或脊的顶部。
- "擦除"：将当前所选层的雕刻数据擦除。
- "选择"：使用镜像选择点与多边形。

项目实施

步骤 1　单击工具栏中的 "样条画笔"，在其下拉菜单中选择 "文本"，在场景中创建文本"1234"，设置"字体"为 Luggage，"高度"为 200 cm，"水平间隔"为 0 cm，"垂直间隔"为 0 cm，如图 3.4 所示。

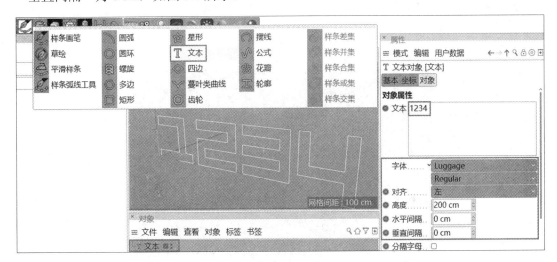

图 3.4　创建文本

步骤 2　单击工具栏中的 立方体图标，在其下拉菜单中选择 平面，在数字"1"下面创建一个平面，如图 3.5 所示。

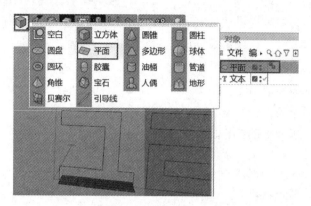

图 3.5　创建 L-Object

步骤 3　按快捷键 C 将数字转为可编辑对象，将操作模式改为 边模式，单击鼠标右键，在弹出的菜单中选择"循环/路径切割 K~L"，如图 3.6 所示。

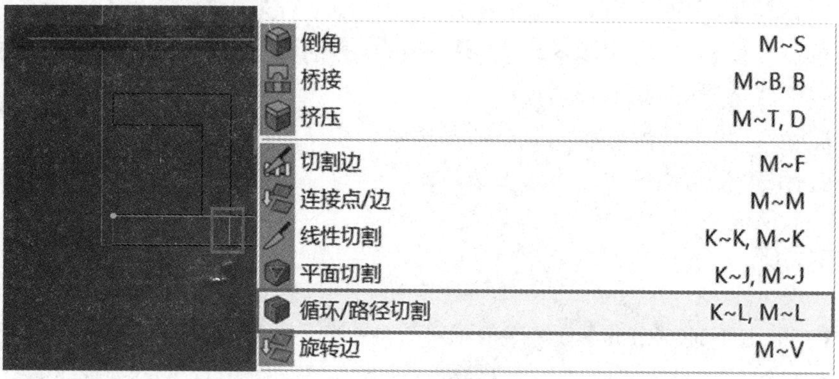

倒角		M~S
桥接		M~B, B
挤压		M~T, D
切割边		M~F
连接点/边		M~M
线性切割		K~K, M~K
平面切割		K~J, M~J
循环/路径切割		K~L, M~L
旋转边		M~V

图 3.6　切割形状

步骤 4　按住 Ctrl 键，选择工具栏中的" 实时选择工具"，选中切到后分出的横线向下拉，继续"循环/路径切割 K~L"，再移动位置，直到绘制完成"1"的形状，如图 3.7 所示。

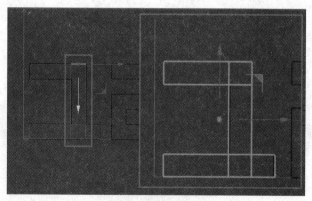

图 3.7　绘制"1"形状

步骤 5　将操作模式改为 多边形模式，选中"1"的任意一个形状，单击鼠标右键在弹出的菜单中选择"分裂 U~P"分裂出新图形，选择工具栏" 移动工具 E"并移动到相应位置，使用相同的方法完成整个"1234"形状，如图 3.8 所示。

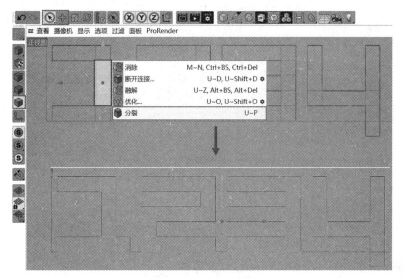

图 3.8　完整"1234"形状

步骤 6　在对象面板，按住 Shift 键选中所有平面，单击鼠标右键在弹出的菜单中选择"连接对象 + 删除"，合成一个平面 3，重命名为"1234"，如图 3.9 所示。

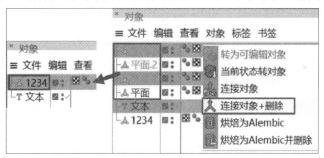

图 3.9　连接并删除所有平面

步骤 7　将操作模式改为 点模式，选择工具栏" 框选工具"框选中横向的顶行点或底行点，设置"尺寸"面板 Y 轴都为 0 cm，纵向方法相同，如图 3.10 所示。

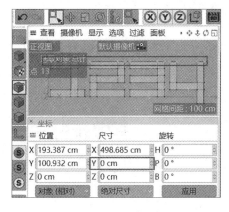

图 3.10　对齐点

步骤 8　切换为透视视图，选择并激活 多边形选择模式，按快捷键 M~T 执行"挤压"命令，在"挤压"面板勾选"创建封顶"，将"1234"数字拉出一定的厚度，同时在对象面板单击"文本"后面的"✓"，将其改为"×"，隐藏"文本"对象，如图 3.11 所示。

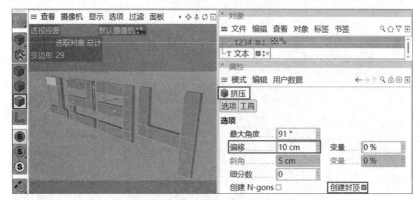

图 3.11　挤压厚度

步骤 9　按快捷键 U～S 执行"细分"命令，该命令执行两次，将"1234"文字进行细分，如图 3.12 所示。

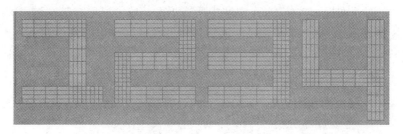

图 3.12　细分数字

步骤 10　缺少细分的地方，按快捷键 K～L 执行"循环/路径切割"命令，在"循环/路径切割"面板中"选项"的切割数量设置为 3，"交互式"选项勾选"重复切割"，将"1234"细分均匀，如图 3.13 所示。

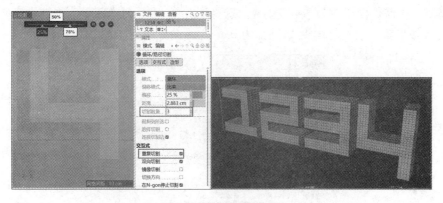

图 3.13　循环切割数字

步骤 11　按快捷键 Ctrl + A 选择所有面，再使用快捷键 U～R 执行"反转法线"命令，数字上呈现黄色的是正面，如图 3.14 所示。

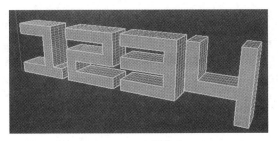

图 3.14　反转法线

步骤 12　将操作模式改为 模型模式，在"网格"菜单栏选择"雕刻"和"笔刷"，拖出下拉菜单放置左侧工作区域，在"雕刻"菜单栏选择"细分"，单击三次，按快捷键 N～B(表示先按 N，再按 B，余同)显示"光影着色(线条)"，如图 3.15 所示。

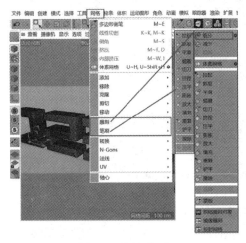

图 3.15　添加细分

步骤 13　在"笔刷"菜单栏选择"拉起"，按住 Ctrl 键在数字上小浮动画圈移动创建奶酪洞，按快捷键 N～A 显示"光影着色"，如果奶酪洞不圆滑，可再次执行"细分"命令，如图 3.16 所示。

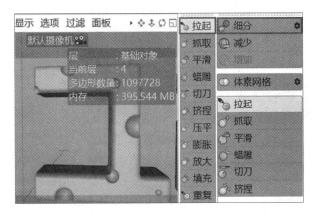

图 3.16　创建奶酪洞

步骤 14　用相同的方法制作数字"2""3""4"，如图 3.17 所示。

图 3.17 奶酪字模型

步骤 15 在工具栏选择" L-object"创建 L 转角背景，在属性面板设置"曲线偏移"为 500 cm，移动并调整背景的位置，如图 3.18 所示。

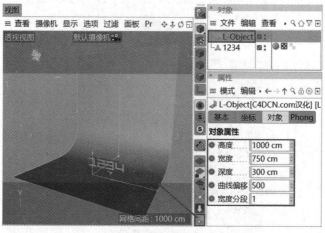

图 3.18 创建转角背景

步骤 16 单击 OC 渲染器窗口中的"对象"菜单，在其下拉菜单中选择 "Hdri 环境"创建 Octane 天空，按住 Shift+F8 键打开"内容浏览器"，搜索"HDR 预设"选择"真实室内模拟.hdr"，将其拖到 Octane 环境标签面板着色器文件中，设置"类型"为"浮点"，如图 3.19 所示。

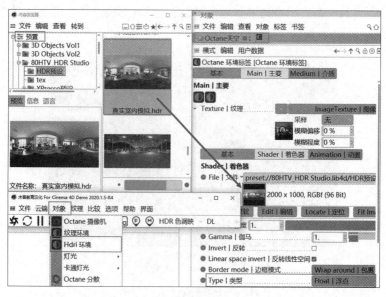

图 3.19 创建 Hdri 环境

步骤 17 单击 OC 渲染器窗口中的"对象"菜单，在其下拉菜单中选择"Octane 摄像机"，在"文件"面板中选择"Octane 摄像机"，"摄像机对象"面板中"对象属性"的"焦距"设置为电视(135 mm)，如图 3.20 所示。

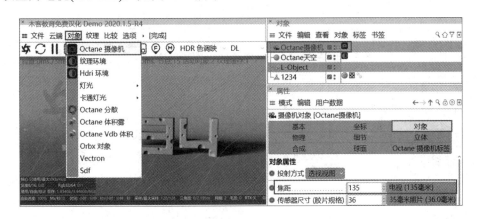

图 3.20 创建摄像机

步骤 18 单击 OC 渲染器窗口中的"纹理"菜单，在其下拉菜单中选择"Octane 漫射材质"创建 Octane 漫射材质球，并将该材质球拖到场景中的转角背景上，在"Octane 节点编辑器"窗口选中"Octane 漫射材质"的漫射颜色，设置为深灰色(R60，G60，B60)，如图 3.21 所示。

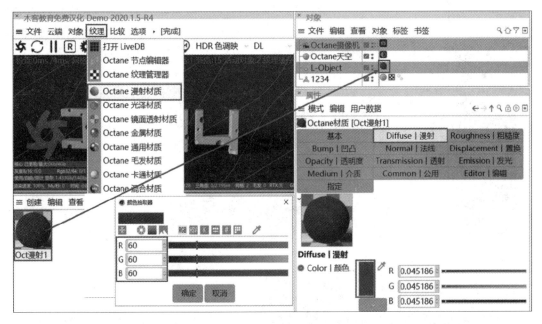

图 3.21 创建转角背景材质

步骤 19 单击 OC 渲染器窗口中的"纹理"菜单，在其下拉菜单中选择 "Octane 光泽材质"，创建 Octane 光泽材质球，并将该材质球拖到场景中的"1234"数字上，再在 OC 渲染器窗口的"纹理"菜单中选择"Octane 节点编辑器"，在"Octane 节点编辑器"窗口设置"Octane 光泽材质",在"搜索"输入框中输入"rgb",在左侧显示"rgb 光谱",将"rgb 光谱"拖到编辑窗口中,将"rgb 光谱"连接到材质球的"漫射"选项中,设置其颜色为黄色(R240,G181,B72),如图 3.22 所示。

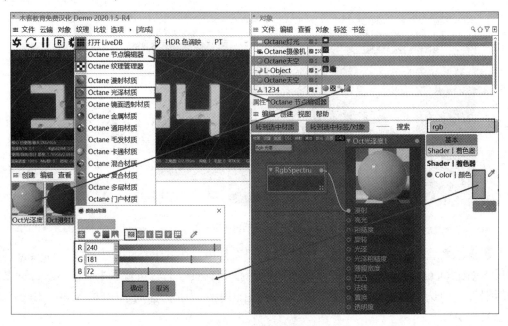

图 3.22　设置数字材质

步骤 20　单击 OC 渲染器窗口"对象"菜单下的"灯光",在其下拉菜单中选择"Octane 区域光",创建区域灯光,并设置区域灯光的水平和垂直尺寸,如图 3.23 所示。

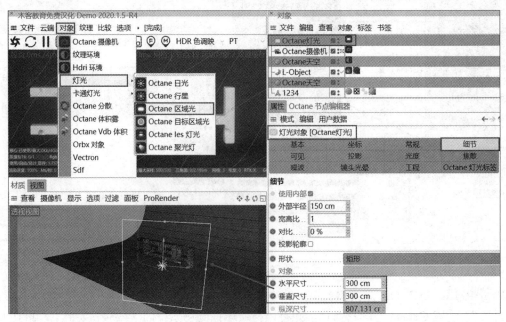

图 3.23　创建区域光

步骤 21　单击 OC 渲染器窗口中的"　设置"工具，打开 Octane 设置对话框，设置路径追踪的"最大采样"为 500，"漫射深度"为 16，"镜面深度"为 16，"散射深度"为 8，"全局光照修剪"为 1，点击"摄像机成像"选项卡的"成像"，设置滤镜曲线为 DSCS315_2，点击"摄像机成像"选项卡的"降噪"，勾选"开启降噪"，单击"后期"选项卡，勾选"启用"，设置辉光强度为 20，点击工具栏"　编辑渲染设置"，在渲染设置窗口选择 Octane Renderer 渲染器，设置"输出"为 1280 像素 × 720 像素，选择"保存"选项，设置保存的"格式"为 JPG，选择"Octane Renderer"选项，设置"图像颜色配置文件"为 sRGB，色调映射类型为色调映射，点击工具栏"　渲染到图片查看器工具"，在图片查看器窗口预览渲染效果图，点击"　将图像另存为"图标，将渲染的最终效果图保存到指定位置，保存 C4D 工程项目并进行文件打包，点击菜单栏"文件"→"保存工程(包含资源)"选项，进行文件保存命名及打包。

项目4 面包字艺术字体建模

微课

项目描述

利用 C4D 的相关命令创建面包字效果，如图 4.1 所示。

图 4.1　面包字效果

具体要求如下：

(1) 在场景中创建数字。

(2) 使用置换变形器和克隆随机制作果酱。

(3) 使用草绘、投射样条和扫描制作沙拉条。

(4) 给数字赋漫射和光泽材质，场景中创建转角背景。

(5) 渲染输出 JPG 图像，输出大小为 1280 像素 × 720 像素，并保存 C4D 工程项目打包文件。

核心知识点

物体添加置换变形器后，可设置【基本】【坐标】【对象】【着色】【衰减】【刷新】六个参数，如图 4.2 所示。

图 4.2　标签选项属性窗口

"基本"选项属性窗口中：

· "图标设置"：名称用于标记称呼，图层用于将元素指定给图层，其图层颜色将显示在此处。

· "编辑器可见"：反映对象管理器的可见性设置。

· "渲染器可见"：反映对象渲染器的可见性设置。

· "显示颜色"：确定选定对象是否使用其显示的颜色。"关闭"是使用材质颜色；"自动"是仅当对象没有材质时才使用显示颜色；"启用"是始终使用显示颜色，即使对象具有材质。

· "启用"：打开或关闭生成器、变形器和基本体。

"坐标"选项属性窗口如图 4.3 所示。其中：

· "四元"：设置旋转动画。

· "冻结变换"："冻结全部"与动画有关，"解冻全部"可实现主坐标的坐标偏移，所有冻结坐标将重置为 0。

"对象"选项属性窗口如图 4.4 所示。其中：

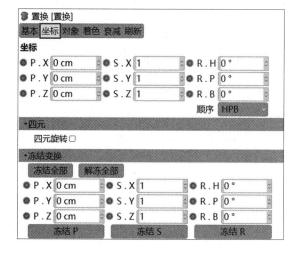

图 4.3　"坐标"选项属性窗口

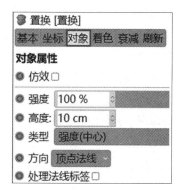

图 4.4　"对象"选项属性窗口

- "仿效"：若勾选此项，置换变形器可模拟置换材质设置的通道所创建的置换；若未勾选此项，则在"着色"选项中为置换变形器指定其自己的纹理。
- "强度"：定义力量程度。
- "高度"：定义位移的高度。
- "类型"：置换变形器的类型。
- "方向"：定义位移的工作方向。选择"顶点法线"，移动将沿顶点法线的方向进行；选择"球形"，移动将围绕中心位于置换变形器内的假想球体进行；选择"平面"，通过添加的方向设置在 +X、-X、+Y、-Y、+Z 和 -Z 方向上进行移动。

"着色"选项属性窗口如图 4.5 所示。其中：

- "通道"：选择"材质通道"，显示一个附加的材质标记字段；选择"自定义着色器"，纹理选择菜单将可用。

"衰减"选项属性窗口如图 4.6 所示。其中：

- "线性域"：创建一个新域对象。
- "实体"：创建一个新的域或特殊层。
- "限制"：添加一个修改域层。

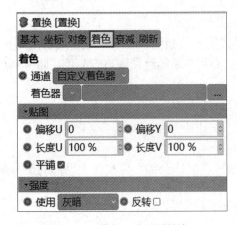

图 4.5   "着色"选项属性窗口

图 4.6   "衰减"选项属性窗口

"刷新"选项属性窗口如图 4.7 所示。其中：

- "对象"：若勾选此项，移动要变形的对象将显示其变形；若未勾选此项，将加快编辑器视图的显示速度。
- "摄影机"：设置在摄影机移动时是否应刷新变形。若未勾选此项，则会加快编辑器视图的显示速度。
- "剔除背面"：若勾选此项，不面向摄影机的对象曲面将不会变形，有助于加快编辑器视图的速度，也不会影响最终渲染的效果。

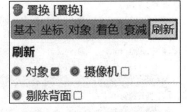

图 4.7   刷新选项属性窗口

项目实施

步骤 1   打开"面包字.C4D"的源文件，场景中有一个"5"字的模型，如图 4.8 所示。

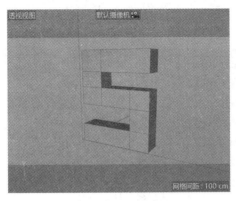

图 4.8　制作数字 "5"

步骤 2　为了添加 "细分曲面" 后开头和结束位置效果更好，单击并激活 [图标] 点模式，单击工具栏中的 "[图标] 框选工具"，在正视图框选相应的 2 个顶点并向上移动，如图 4.9 所示。

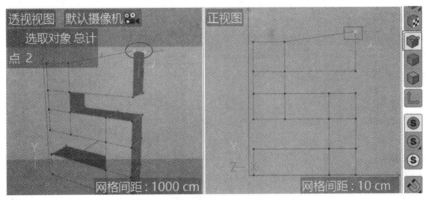

图 4.9　加宽边缘

步骤 3　最大化透视视图，单击并激活 [图标] 模型模式，按住 Alt 键+"[图标] 细分曲面" 创建数字 "5" 的细分，使用快捷键 Ctrl + C 和 Ctrl + V 复制数字 "5" 模型，分别将两个模型分别命名为 "面包" 和 "果酱基础"，如图 4.10 所示。

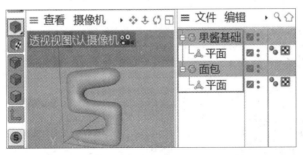

图 4.10　复制数字

步骤 4　关闭 "[图标] 细分曲面"，将操作模式改为 [图标] 多边形模式，按快捷键 Ctrl + A "全选面"，按快捷键 M～T 执行 "挤压" 命令使模型向内收缩，在 "挤压" 属性窗口不勾选 "创建封顶"，挤压后能看到后面的数字，打开 "[图标] 细分曲面"，按快捷键 N～B 显示 "光影着色(线条)",如图 4.11 所示。

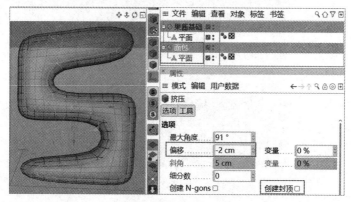

图 4.11　挤压前面的数字

步骤 5　点击工具栏 下扭曲工具面板中的" 置换变形器"工具创建变形,与对象面板的"果酱基础"成为同级关系,选中"置换"和"果酱基础",Alt + G 成组,命名为"果酱",如图 4.12 所示。

图 4.12　创建置换

步骤 6　按住 Alt 键 + " 细分曲面"创建果酱的细分,在对象面板选择"置换",在"置换"属性面板中将"着色"选项卡的着色器选为"噪波",点击"噪波",设置全局缩放,如图 4.13 所示。

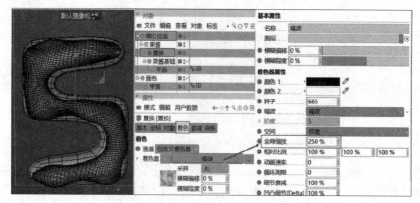

图 4.13　设置置换的噪波参数

步骤7　"置换"属性窗口中"对象"的"强度"为 75%，"高度"为 10 cm，" 缩放工具 T"+" 移动工具 E"调整果酱厚度和位置，如图 4.14 所示。

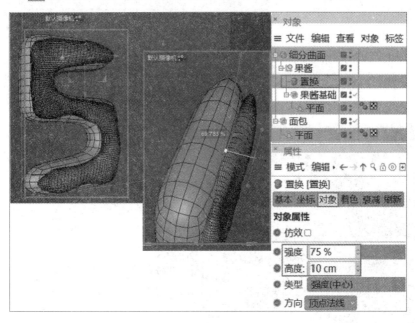

图 4.14　调整果酱厚度和位置

步骤8　为了方便管理层对其进行整理，关闭"细分曲面"，在"文件"对象窗口下点击"果酱"，点击鼠标右键在弹出的菜单中选择"当前状态转对象"，生成新"果酱"，展开新"果酱"，将下列的"平面"拖出放置"细分曲面"之上，按住 Shift + Alt 键+"细分曲面"的" "进行隐藏，如图 4.15 所示。

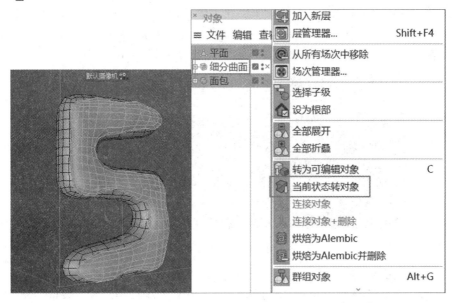

图 4.15　管理文件

步骤9 为了方便提取面创建选集，按快捷键 9 激活"🔘 实时选择工具"，再按住 Shift 键加选面，在"选择"菜单中点击"设置选集"，如图 4.16 所示。

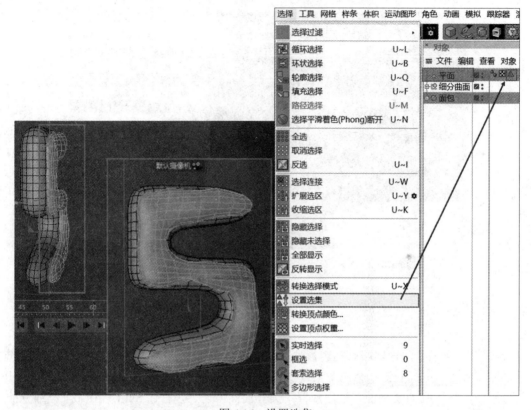

图 4.16　设置选集

步骤10 点击工具栏 🧊 并在场景中创建一个 🧊 立方体，按住 Alt 键 + "🧊 细分曲面"创建芝士的细分，"🔲 缩放工具 T"和"✛ 移动工具 E"调整芝士大小和位置，按快捷键 C 将数字转为可编辑对象，命名为"芝士"，如图 4.17 所示。

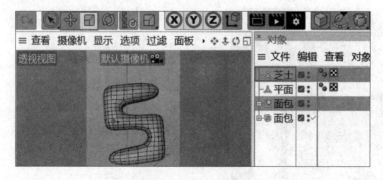

图 4.17　创建芝士

步骤11 按住 Alt 键 + "💠 克隆"克隆芝士，"克隆对象"属性窗口中"对象"的模式为对象，将"多边形选集"拉到">对象"中，"种子"为 1234575，"数量"为 38，如图 4.18 所示。

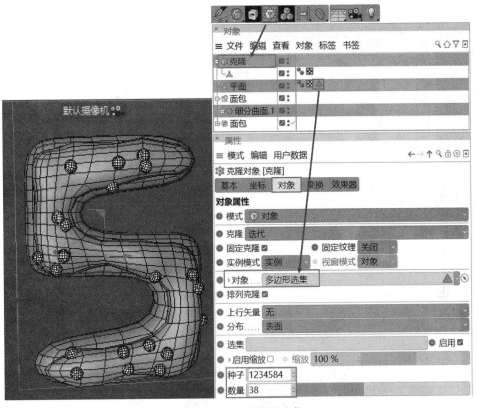

图 4.18 芝士克隆到选集

步骤 12 按住 Alt 键 + "⬭ 连接",点击工具栏下的 "⬤ 置换变形器"创建变形,"对象"窗口中的"连接"是同级关系,选中"连接"和"置换",按 Alt + G 键将模型合并成组,命名为"芝士群",如图 4.19 所示。

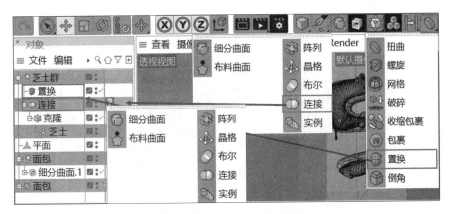

图 4.19 芝士克隆到选集

步骤 13 在"文件"对象窗口中单击"置换","置换"属性窗口中"着色"的着色器下选中噪波,"对象"的"强度"为 65%,在"文件"对象窗口点击"克隆","克隆对象"属性窗口中"对象"的"种子"为 1234584,如图 4.20 所示。

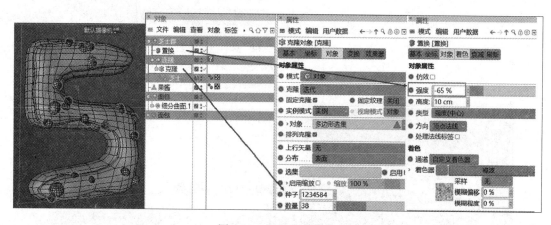

图 4.20　调整芝士状态

步骤 14　果酱流淌效果编辑面，在对象面板将"平面"命名为"果酱，"将操作模式改为 边模式，在" 实时选择工具"中选中一条线 + " 移动工具 E" + 双击选中整圈边线，按快捷键 M～N 执行"消除"命令，如图 4.21 所示。

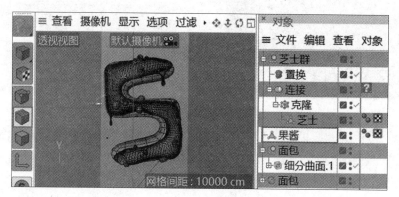

图 4.21　消除边线

步骤 15　将操作模式改为 多边形模式，在工具栏" 实时选择工具 9"中选一个面，按住 Ctrl 键 + " 移动工具 E"向下拉，" 缩放工具 T"收缩面，如图 4.22 所示。

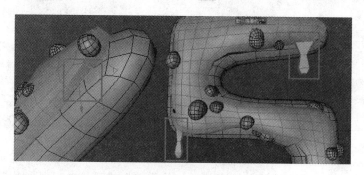

图 4.22　制作流淌

步骤 16　按住 Alt 键 + " 细分曲面"创建流淌的细分，将操作模式改为 边模式，在" 实时选择工具 9"中选中一条线 + " 移动工具 E" + 双击选中整圈边线，" 缩放工具 T"调整效果，如图 4.23 所示。

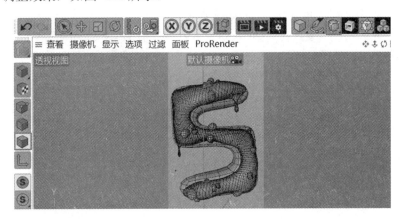

图 4.23   调整流淌

步骤 17   切换到正视图，按快捷键 N～H 执行"线框"命令，显示黑色线框，单击工具栏下的"草绘"绘制沙拉线，再单击工具栏下的"平滑样条线"，如图 4.24 所示。

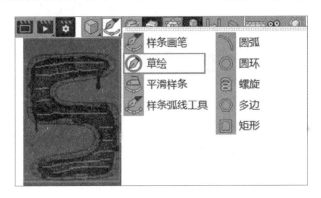

图 4.24   绘制沙拉线

步骤 18   切换到透视视图，将操作模式改为 点模式，按快捷键 M～N 执行"平滑"命令，如图 4.25 所示。

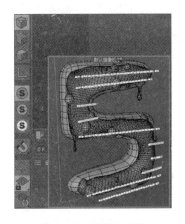

图 4.25   平滑沙拉线

步骤 19　切换到正视图，将操作模式改为 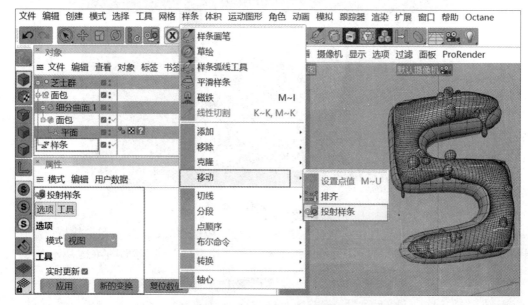 模型模式，在"样条"菜单下单击"移动"，在下拉菜单中选择"投射样条"，如图 4.26 所示。

图 4.26　投射沙拉线

步骤 20　切换到透视视图，选择工具栏下的"样条画笔"，在场景中创建一个 圆环，在对象面板选择"圆环"和"样条"，按住 Ctrl + Alt 复合键 + "扫描"制作，如图 4.27 所示。

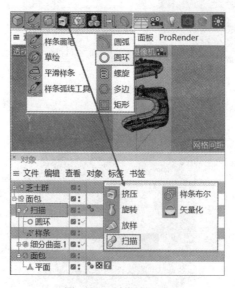

图 4.27　制作沙拉线

步骤 21　在对象面板下单击"扫描"，"扫描对象"属性窗口中"封盖"的"尺寸"为 100 cm，选择" 缩放工具 T"缩小圆环，按快捷键 N～A 显示"光影着色"，框选所有对象，Alt + G 成组，命名为"面包"，如图 4.28 所示。

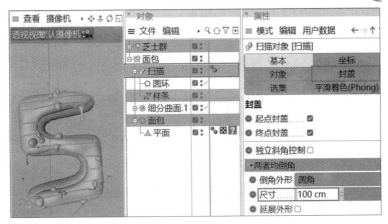

图 4.28　调整沙拉线

步骤 22　在"扩展"菜单下单击"📁L-object"创建 L 转角背景,"文件"对象窗口选择"L-object","L-object"属性窗口中"对象"的"曲线偏移"为 500 cm,"✛ 移动工具 E"+"🔄 旋转工具 R"调整数字,如图 4.29 所示。

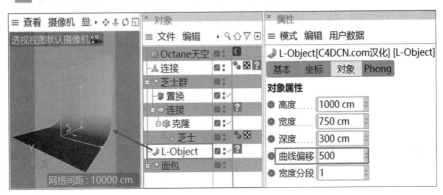

图 4.29　创建转角背景

步骤 23　复制"芝士群",选中"芝士群"中所有层,单击鼠标右键在弹出的菜单中选择"连接对象+删除","✛ 移动工具 E"+"🔄 旋转工具 R"调整位置和方向,如图 4.30 所示。

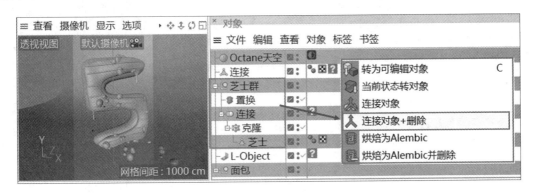

图 4.30　复制芝士群

步骤 24　点击 OC 渲染器窗口下的"对象"菜单，在其下拉菜单中选择"Hdri 环境"创建 Octane 天空，按住 Shift+F8 键打开"内容浏览器"，搜索"HDR 预设"选择"真实室内模拟.hdr"，将其拖到 Octane 环境标签面板着色器文件中，设置"类型"为"浮点"，如图 4.31 所示。

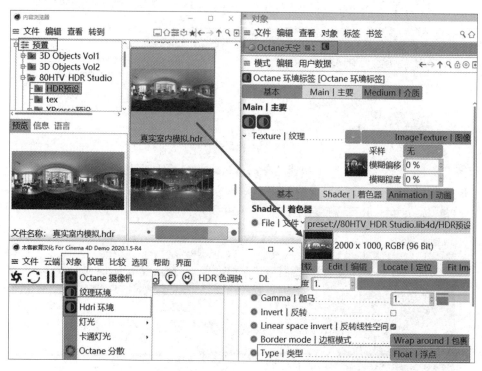

图 4.31　创建"Hdri 环境"

步骤 25　创建 Octane 漫射材质球，并将该材质球拖到场景中的转角背景上，漫射颜色设置为蓝色(R17，G127，B255)，如图 4.32 所示。

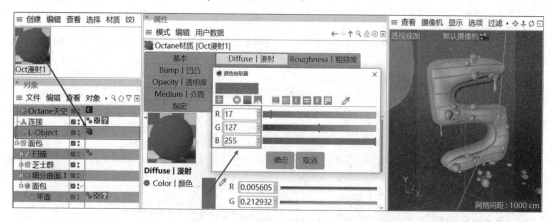

图 4.32　设置转角背景材质

步骤 26　创建 Octane 光泽材质球，并将该材质球拖到场景中的面包层上，设置"Octane 光泽材质"的漫射颜色为巧克力色(R118，G52，B26)，粗糙度为 0.3，如图 4.33 所示。

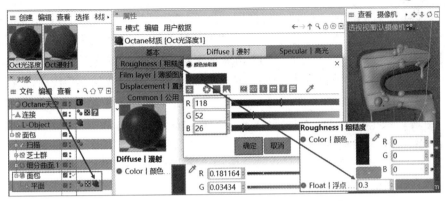

图 4.33　设置面包层材质

步骤 27　复制粘贴"Octane 光泽材质"，修改"Octane 光泽材质"的漫射颜色，设置为粉色(R254，G155，B196)，将该材质球拖到场景中的果酱层上，如图 4.34 所示。

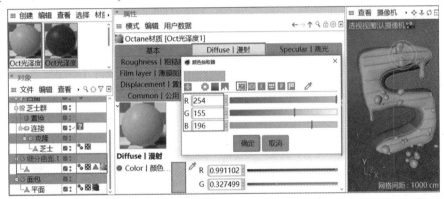

图 4.34　设置果酱层材质

步骤 28　继续复制粘贴"Octane 光泽材质"，修改"Octane 光泽材质"的漫射颜色，设置为亮黄色(R244，G217，B64)，将该材质球拖到场景中的芝士上，如图 4.35 所示。

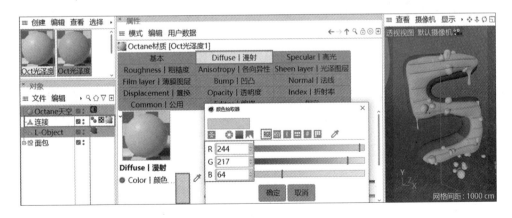

图 4.35　设置芝士层材质

步骤 29　点击 OC 渲染器窗口下的"⚙ 设置"工具，打开 Octane 设置对话框，设置路径追踪的"最大采样"为 500，"漫射深度"为 16，"镜面深度"为 16，"散射深度"为 8，

"全局光照修剪"为 1，点击"摄像机成像"选项卡的"成像"，设置滤镜曲线为 DSCS315_2，点击"摄像机成像"选项卡的"降噪"，勾选"开启降噪"，点击"后期"选项卡，勾选"启用"，设置"辉光强度"为 20，点击工具栏"⚙ 编辑渲染设置"，在渲染设置窗口选择 Octane Renderer 渲染器，设置"输出"为 1280 像素 × 720 像素，选择"保存"选项，设置保存的"格式"为 JPG，选择"Octane Renderer"选项，设置"图像颜色配置文件"为 sRGB，色调映射类型为色调映射，点击工具栏"▶ 渲染到图片查看器工具"，在图片查看器窗口预览渲染效果图，点击"🖫 将图像另存为"图标，将渲染的最终效果图保存到指定位置，保存 C4D 工程项目并进行文件打包，点击菜单栏"文件"→"保存工程(包含资源)"选项，进行文件保存命名及打包。

项目5　不粘锅建模

微课

项目描述

利用 C4D 相关命令创建不粘锅三维模型，如图 5.1 所示。

图 5.1　不粘锅效果

具体要求如下：

(1) 在场景中创建一个不粘锅。

(2) 在场景中创建周围环境，符合产品展示的规范。

(3) 给不粘锅赋金属材质，调节不粘锅材料。

(4) 渲染输出 JPG 图像，输出大小为 1280 像素 × 720 像素，并保存 C4D 工程项目打包文件。

核心知识点

金属材质用于创建更逼真的金属，而光泽材质用于创建具有反射特性的材质。设置光泽材质的折射率，得到的材质效果与金属材质一致，如图 5.2 所示。

同时设置两种材质的漫射，由于金属材质增加的反射贴图，可以在金属和漫射之间做切换，并保持光泽材质无变化，如图 5.3 所示。

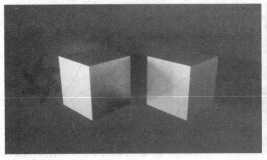
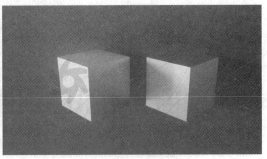

图 5.2　光泽材质设置折射率　　　　　　　图 5.3　金属材质与光泽材质对比

项目实施

步骤 1　点击工具栏下的"⬜立方体",在其下拉面板选择"⬜圆柱",在场景中创建一个圆柱,设置"半径"为 340 cm,"高度"为 220 cm,"高度分段"为 1,"旋转分段"为 16,"方向"为+Y,如图 5.4 所示。

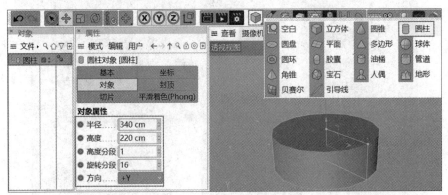

图 5.4　创建"圆柱"

步骤 2　为了能看清圆环的线面状态,在"视图"面板中点击"显示",在下拉菜单中选择"光影着色(线条)N~B"显示黑色线框,如图 5.5 所示。

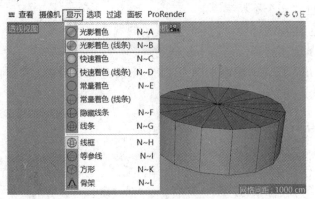

图 5.5　显示"线框"

步骤 3　为了方便对模型进行后期编辑,需要将其转为可编辑对象,点击鼠标右键在弹出的菜单中选择"转为可编辑对象"，也可按快捷键 C 将模型转为可编辑对象，其图标变成 ，如图 5.6 所示。

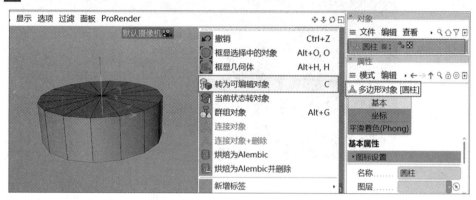

图 5.6　转为可编辑对象

步骤 4　将操作模式改为 多边形模式，在工具栏 " 实时选择工具"选中顶面，按 Delete 键删除顶面，如图 5.7 所示。

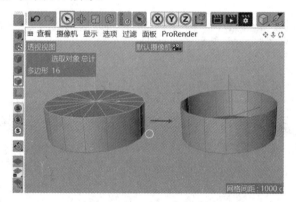

图 5.7　选择顶面并删除

步骤 5　选中底面，点击工具栏下的 " 缩放工具 T"向圆心缩放，如图 5.8 所示。

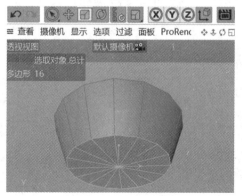

图 5.8　缩小底面

步骤 6　按快捷键 K～L 执行"循环/路径切割"命令，在 50%位置设置卡线，如图 5.9 所示。

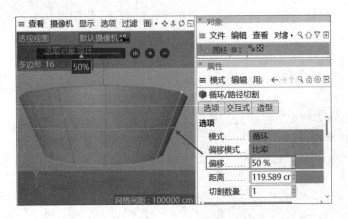

图 5.9　切割模型

步骤 7　将操作模式改为 ![]边模式，双击选中中间的所有边线，选择工具栏"![] 缩放工具 T"向外扩展，将操作模式改为 ![]模型模式，单击工具栏"![] 缩放工具 T"向下压扁模型，如图 5.10 所示。

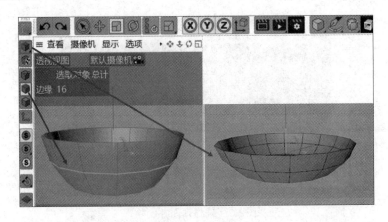

图 5.10　缩放模型

步骤 8　点击并激活 ![]多边形模式，启用"![] 缩放工具"将底面向中间稍微缩一点，将操作模式改为 ![]边模式，按快捷键 M～S 执行"倒角"命令，如图 5.11 所示。

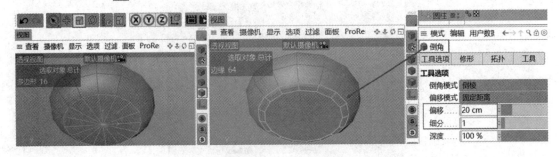

图 5.11　扩展锅底倒角

步骤 9　点击工具栏下的"![] 实时选择工具"并在右视图中选择侧面，按快捷键 U～P 执行"分裂"命令，分裂出新图形，如图 5.12 所示。

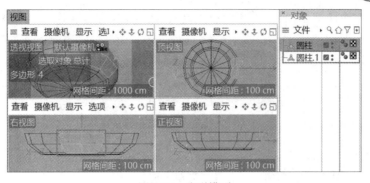

图 5.12 分裂模型

步骤 10 选中不用的面按 Delete 键删除，单击鼠标右键在弹出的菜单中选择"内部挤压"，如图 5.13 所示。

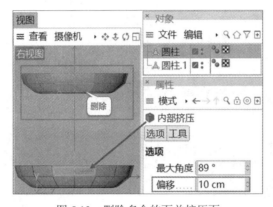

图 5.13 删除多余的面并挤压面

步骤 11 按快捷键 U～I 执行"反选"命令，按 Delete 键删除多余的面，如图 5.14 所示。

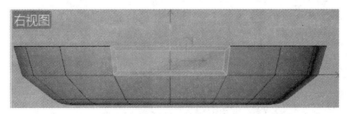

图 5.14 删除面

步骤 12 按快捷键 9 激活"🔍 实时选择工具"选中两个面，按住 Ctrl 键沿 X 轴向外拉，如图 5.15 所示。

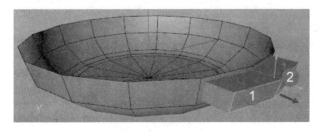

图 5.15 挤压把手面

步骤 13   按快捷键 T 激活"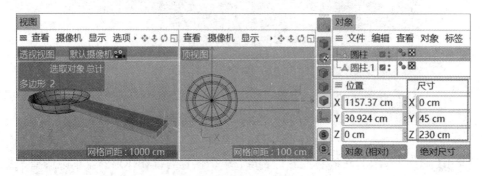缩放工具",按住 Alt 键推齐边缘,再继续向外拉,如图 5.16 所示。

图 5.16   推齐边缘并拉长

步骤 14   按快捷键 K~L 执行"循环/路径切割"命令,在左侧位置设置卡线,将操作模式改为 点模式,再按快捷键 0 激活" 框选工具"选中点,按快捷键 T 执行" 缩放"命令压缩把手,如图 5.17 所示。

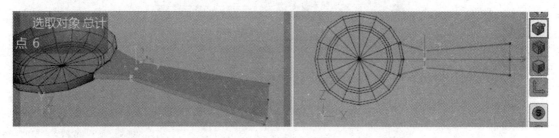

图 5.17   压缩把手外形

步骤 15   按快捷键 K~L 执行"循环/路径切割"命令,在 75%位置设置卡线,继续压缩把手,单击工具栏" 移动工具 E"移动至合适位置,如图 5.18 所示。

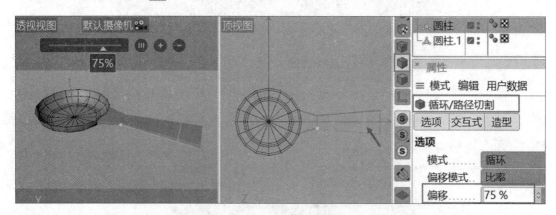

图 5.18   压缩抓手位置

步骤 16   选择工具栏下的 立方体,在场景中创建一个 立方体,按快捷键 C 将立方体转为可编辑对象,按快捷键 T 激活"缩放工具"和快捷键 E 激活" 移动工具",调整立方体大小和位置,如图 5.19 所示。

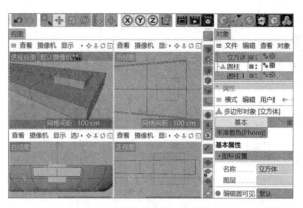

图 5.19　调整立方体大小和位置

步骤 17　将操作模式改为 模型模式，单击工具栏"缩放工具 T"拉长形状，将操作模式改为 点模式，点击工具栏下的"框选工具 0"选中点，点击工具栏"缩放工具 T"压缩形状，如图 5.20 所示。

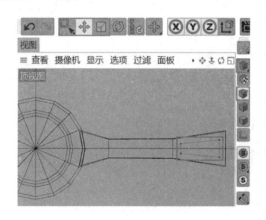

图 5.20　调整立方体形状

步骤 18　点击左侧工具栏下的"视窗层级独显"，只显示把手，将操作模式改为 边模式，按快捷键 M～B 执行"桥接"命令将缺口封口，如图 5.21 所示。

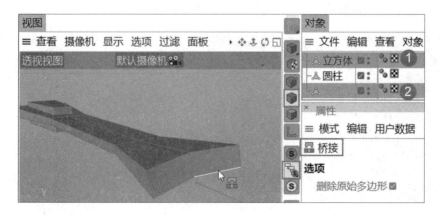

图 5.21　前侧封口

步骤 19 点击左侧工具栏下的 "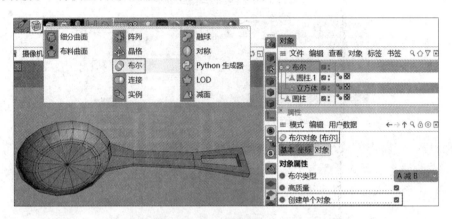 S 关闭视窗独显",显示全部模型,选择工具栏 "细分曲面"下的 "布尔",将 "圆柱 1" 和 "立方体"移入 "布尔"中,在对象面板点击 "布尔","布尔对象"面板中选择 "创建单个对象",点击鼠标右键在弹出的菜单中选择"再按快捷键 C 将模型转为可编辑",如图 5.22 所示。

图 5.22   创建布尔

步骤 20 将操作模式改为 点模式,切换为顶视图,按快捷键 K~K 执行 "线性切割"命令,在挂钩处进行切割,如图 5.23 所示。

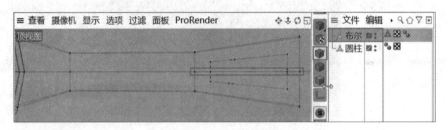

图 5.23   切割挂钩

步骤 21 切换为透视视图,按快捷键 9 激活 "实时选择工具"并选中相邻点,按快捷键 M~Q 执行 "焊接"命令焊接相邻点,使用 "空格"在 "实时选择工具"和 "焊接 M~Q"之间切换,焊接其他区域的点,如图 5.24 所示。

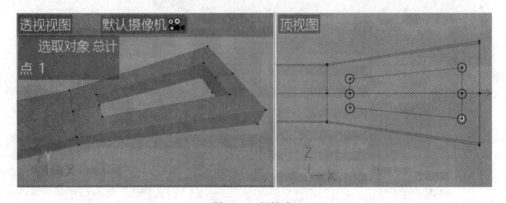

图 5.24   焊接点

步骤 22　切换为顶视图，按快捷键 K～K 执行"线性切割"命令在挂钩处进行切割，如图 5.25 所示。

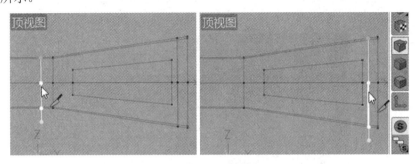

图 5.25　切割面

步骤 23　将当前视图切换为透视视图，按快捷键 9 激活"实时选择工具"，选中顶面点，按快捷键 T 启用"缩放工具"向内收缩产生倾斜效果，如图 5.26 所示。

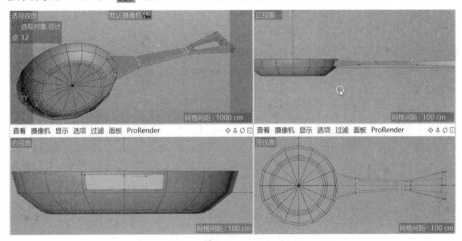

图 5.26　压缩把手顶面点

步骤 24　将操作模式改为多边形模式，激活"实时选择工具"，选中挂钩顶面和底面，按快捷键 U～E 执行"移除 N-gon"命令，如图 5.27 所示。

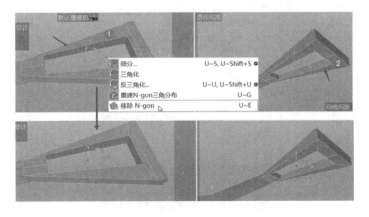

图 5.27　压缩把手顶面点

步骤 25 按快捷键 K～L 执行"循环/路径切割"命令，在"循环/路径切割"面板勾选"镜像切割"，在需要卡线的位置进行循环切割，如图 5.28 所示。

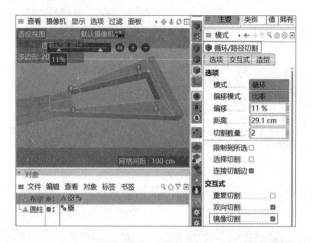

图 5.28 循环切割创建卡线

步骤 26 按住 Alt 键，点击工具栏下的" 细分曲面"创建把手的细分，关闭"细分曲面"，点击鼠标右键在弹出的菜单中选择"循环/路径切割 K~L"，如图 5.29 所示。

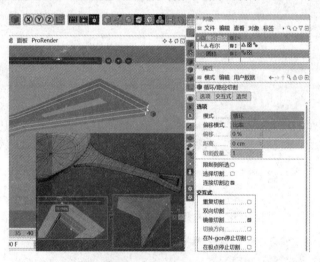

图 5.29 增加卡线

步骤 27 点击工具栏 9 下的" 实时选择工具"选中面，按快捷键 M～W 执行"内部挤压"命令，挤压手柄尾部的面，如图 5.30 所示。

图 5.30 挤压面

步骤 28   按住 Alt 键，选择工具栏下的"   细分曲面"创建锅的细分，点击工具栏"   细分曲面"下的"   布料曲面"，在"布料曲面"面板中设置"细分数"为 0，"厚度"为 –5 cm，如图 5.31 所示。

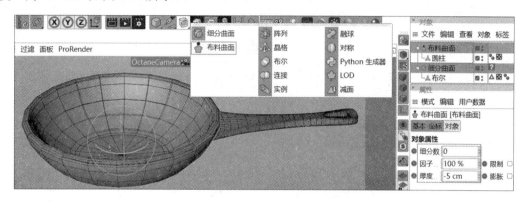

图 5.31   增加锅厚度

步骤 29   按快捷键 C 将锅转为可编辑对象，按快捷键 U~R 执行"反转法线"命令，然后再按快捷键 U~A 执行"法线对齐"命令，呈现黄色的是正面，如图 5.32 所示。

图 5.32   反转法线和法线对齐

步骤 30   按快捷键 K~L 执行"循环/路径切割"命令，在"循环/路径切割"面板勾选"镜像切割"，进行循环切割，如图 5.33 所示。

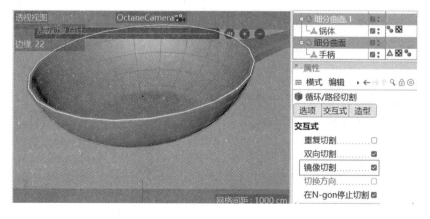

图 5.33   切割锅顶面

步骤 31   打开"细分曲面"，框选所有对象，按住 Alt + G 键成组，如图 5.34 所示。

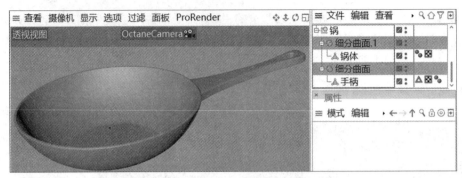

图 5.34　锅模型

步骤 32　在工具栏下选择"　L-Object",在场景中创建一个 L 形背景,如图 5.35 所示。

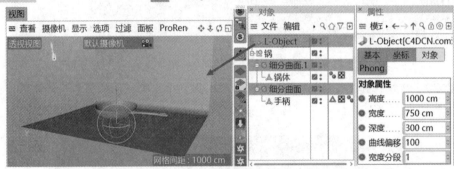

图 5.35　创建"L-Object"

步骤 33　点击 OC 渲染器窗口中的"对象"菜单,在其下拉菜单中选择"Hdri 环境"创建 Octane 天空,按住 Shift + F8 键打开"内容浏览器",搜索"HDR 预设"选择"真实室内模拟.hdr",将其拖到 Octane 环境标签面板着色器文件中,设置"类型"为"浮点",如图 5.36 所示。

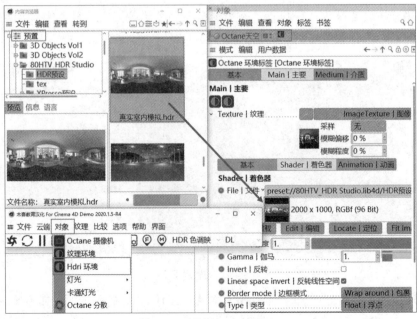

图 5.36　创建"Hdri 环境"

步骤 34　在工具栏下点击 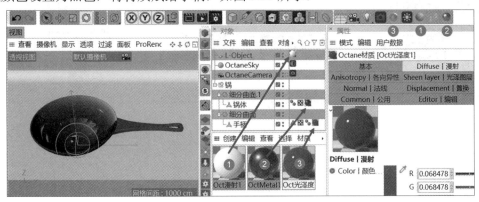 Octane 漫射材质，将该材质赋给场景中的 L-Object，再单击 Octane 金属材质，将该材质赋给场景中的锅体，最后点击 Octane 光泽材质，将该颜色设置为黑色，将材质赋给手柄，如图 5.37 所示。

图 5.37　设置并赋予材质

步骤 35　点击 OC 渲染器窗口下的 " 设置" 工具，打开 Octane 设置对话框，设置路径追踪的 "最大采样" 为 500，"漫射深度" 为 16，"镜面深度" 为 16，"散射深度" 为 8，"全局光照修剪" 为 1，点击 "摄像机成像" 选项卡的 "成像"，设置 "滤镜曲线" 为 DSCS315_2，点击 "摄像机成像" 选项卡的 "降噪"，勾选 "开启降噪"，点击 "后期" 选项卡，勾选 "启用"，设置 "辉光强度" 为 20，点击工具栏 " 编辑渲染设置"，在渲染设置窗口选择 Octane Renderer 渲染器，设置 "输出" 为 1280 像素 × 720 像素，选择 "保存" 选项，设置保存的 "格式" 为 JPG，选择 "Octane Renderer" 选项，设置 "图像颜色配置文件" 为 sRGB，色调映射类型为色调映射，点击工具栏 " 渲染到图片查看器工具"，在图片查看器窗口预览渲染效果图，点击 " 将图像另存为" 图标，将渲染的最终效果图保存到指定位置，保存 C4D 工程项目并进行文件打包，点击菜单栏 "文件" → "保存工程(包含资源)" 选项，进行文件保存命名及打包。

项目6 卡通剪刀建模

微课

项目描述

利用 C4D 相关命令创建卡通剪刀三维模型，效果如图 6.1 所示。

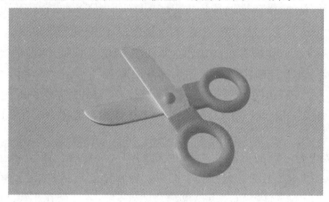

图 6.1 卡通剪刀效果

具体要求如下：

(1) 在场景中创建一个圆环、平面和胶囊，组合成剪刀。

(2) 给剪刀赋相应材质。

(3) 渲染输出 JPG 图像，输出大小为 1280 像素×720 像素，并保存 C4D 工程项目打包文件。

核心知识点

循环/路径切割命令有"选项""交互式""造型"三个选项卡。

1. 选项

"循环/路径切割"的"选项"面板参数如图 6.2 所示。其中：

• "模式"：主要有循环和路径两个选项，当

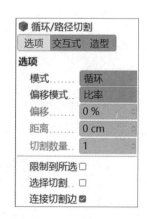

图 6.2 循环/路径切割命令"选项"面板

选择"循环"模式，将使用自动循环识别，可以使用"N-gon 处停止切割"和"极点停止切割"选项进行某种程度的控制。当选择"路径"模式时，如果没有面或边选择，则此工具与循环模式相同，但是，如果首先选择连贯的路径，则工具将遵循从光标下方的边缘开始的路径，如图 6.3 所示。

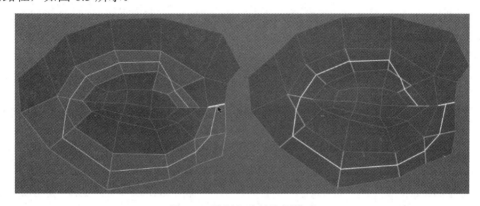

图 6.3　循环和路径选择模式

- "偏移模式"：偏移模式定义环切应如何响应不同的多边形宽度，如图 6.4 所示，左偏移模式设置为比率，右偏移模式设置为边缘距离。

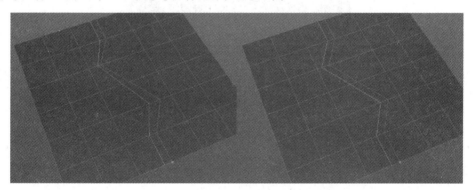

图 6.4　比率和边缘距离的偏移模式

- "比率"：将在相对于相邻边的距离(由偏移值定义)内进行切割。
- "距离"：切口将平行于相应的边，如果可能，每个切割点与下一个点的距离完全相同。

偏移和距离值从参考点(绿点)开始计算。如果当"偏移模式"设置为"边距离"时，这种情况下会对错误的边进行切割，可启用"切换方向"的选项来改变切割方向。

- "切割数量"：此设置定义循环切口的数量。这也可以在视口中以交互的方式完成，方法是使用 MMB 单击橙色环切口并水平拖动。
- "限制到所选"：如果启用此选项，将仅切割选定的面或边。
- "选择切割"：如果启用此选项，将选择新创建的切割线(仅在"使用边"模式下可见)。
- "连接切割边"：如果启用此选项，面也将被剪切。否则，只会切割边缘。

2. 交互

循环/路径切割命令的"交互"选项面板如图 6.5 所示。其中：

图 6.5   循环/路径切割命令的"交互"选项面板

• "重复切割":每次鼠标点击即可快速、复杂地使用循环切割。如果创建了具有多个循环切割的复杂刀具设置,则启用此选项将允许重复相同的切割,而无须重新定义所有设置,如图 6.6 所示。

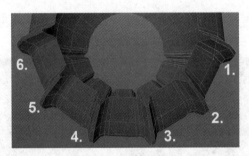

图 6.6   重复使用切割

• "双向切割":如果启用此选项,则剪切将从选择的边沿两个方向设置。否则,其将沿光标方向继续。除非启用了"使用循环范围"选项并使用"范围"设置来减少切口,否则对于完整循环将看不到任何差异,如图 6.7 所示。

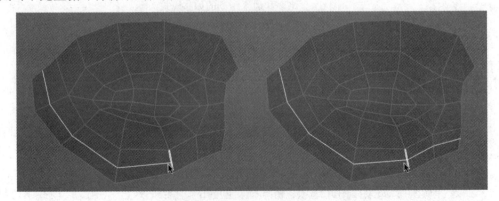

图 6.7   左侧禁用了双向切割,右侧已启用

• "镜像切割":如果启用此功能,将在边缘中心方向上进行对称双切(即对称切割),且不受其他设置的阻碍,如图 6.8 所示。

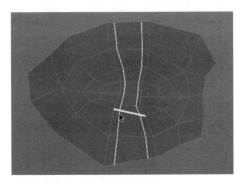

图 6.8　对称切割

- "切换方向"：如果"偏移模式"设置为"边距离"，则此选项可用于选择切口平行于环的一侧，然后必须相应地调整距离值，如图 6.9 所示。

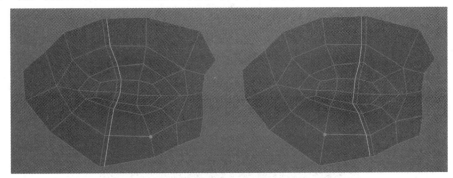

图 6.9　切换方向

- "在 N-gon 停止切割"：此设置定义了在极点停止切割，使用这些选项可以定义环路识别在到达 N-gon 或极点时应停止(启用选项)还是继续(禁用选项)，如图 6.10 所示。

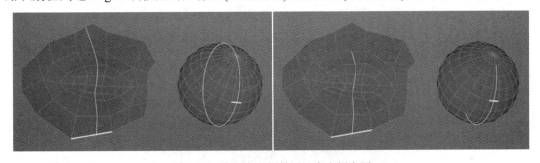

图 6.10　选项在左侧禁用，在右侧启用

- "量化细分""量化步长"：如果要在进行新切割时量化当前边(沿边的长度均匀细分，可使用"量化步长"设置定义)，请启用此选项。
- "使用循环范围""范围"：如果循环识别实际上走得太远，这些设置可用于定义应进行识别的多边形数。启用该选项并定义范围。如果启用了"双向剪切"选项，则剪切将沿相应的边朝两个方向运行。该范围也可以通过按 Ctrl/Cmd+Shift 键以交互方式完成。

3. 造型

循环/路径切割命令的"造型"选项卡命令面板如图 6.11 所示。其中：

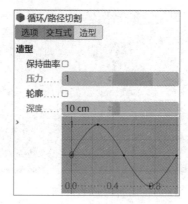

图 6.11　"造型"选项面板

- "保持曲率"：如果禁用此选项，将创建图 6.12 中左侧图所示的切口，切口与相邻边位于同一平面上；如果启用该选项，则切口将容纳相邻曲率，从而导致切口边出现凸度(绿线)。

图 6.12　保持曲率

- "压力"：凸度的值由"张力"设置，负值可用于设置向反方向凹陷的值。
- "轮廓"：如果一个或多个切口应遵循特定的轮廓并相应地要调整曲线，可启用此选项，如图 6.13 所示。

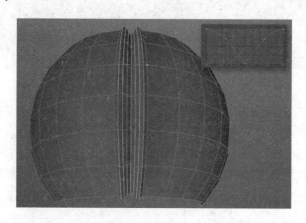

图 6.13　设置轮廓

- "深度"：如果轮廓曲线对应于切口的轮廓，则"深度"值定义形状的振幅。也可以使用负值，这将相应地反转曲线，如图 6.14 所示。

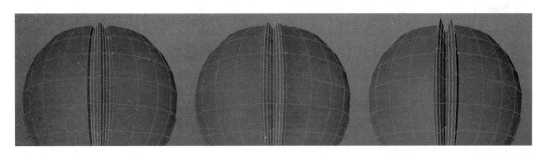

图 6.14　从左到右增加深度值(左侧为负值)

项目实施

步骤1　在工具栏中的"◼ 立方体"下拉面板选择"◉ 圆环"，在场景中创建一个圆环，设置"圆环半径"为 320 cm，"圆角分段"为 32，"导管半径"为 96 cm，"导管分段"为 10，"方向"为+Y，如图 6.15 所示。

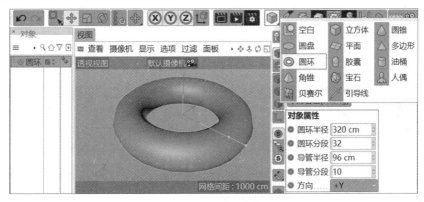

图 6.15　创建"圆环"

步骤2　为了能看清圆环的线面状态，在"视图"面板单击"显示"，在下拉菜单中选择"光影着色(线条)N~B"显示黑色线条，如图 6.16 所示。

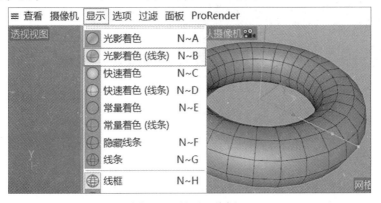

图 6.16　显示"线框"

步骤 3   为了方便对圆环进行后期编辑,需要将其转为可编辑对象,点击鼠标右键在弹出的菜单中选择"转为可编辑对象",也可按快捷键 C 将圆环转为可编辑对象,其图标变成 ,如图 6.17 所示。

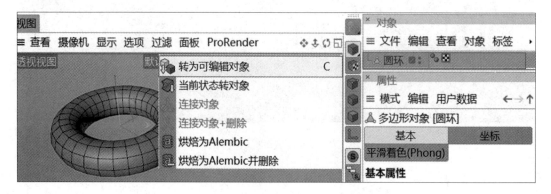

图 6.17   圆环转为可编辑对象

步骤 4   将操作模式改为 多边形模式,以 X 轴方向为中心,点击工具栏中的" 实时选择工具",按住 Shift 键选中圆环的多个面,如图 6.18 所示。

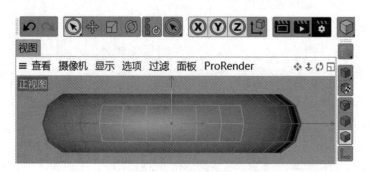

图 6.18   选择多个面

步骤 5   点击鼠标右键在弹出的菜单中选择"内部挤压 M~T",按住 Ctrl 键向前拉,如图 6.19 所示。

图 6.19   挤压模型

步骤 6   按快捷键 T 激活" 缩放工具",将被选择的面的 Z 值设置为 0 cm,将面推平,如图 6.20 所示。

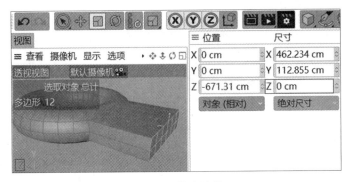

图 6.20　推齐边缘

步骤 7　按住 Alt 键，选择工具栏中的"　细分曲面"创建模型的细分，如图 6.21 所示。

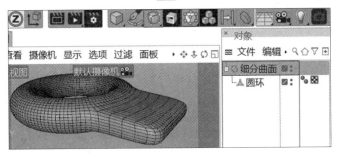

图 6.21　创建"细分曲面"

步骤 8　在对象面板关闭"细分曲面"，选择"圆环"可编辑对象，在工具栏选择　循环/路径切割工具，在属性面板勾选"镜像切割"，设置偏移值为 10%，分别在被挤出的多边形两头切割两条环形封闭的路径，再启用"细分曲面"，观察切割后的细分曲面效果，如图 6.22 所示。

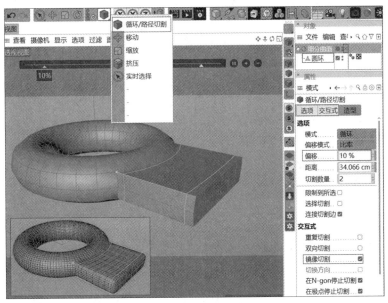

图 6.22　循环切割创建卡线

步骤9　在场景中创建一个 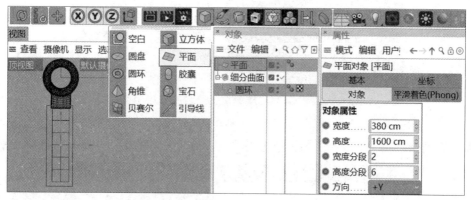 平面，切换为顶视图，设置平面"宽度"为 380 cm，"高度"为 1600 cm，"宽度分段"为 2，"高度分段"为 6，"方向"为 +Y，按快捷键 N～G 显示线条，如图 6.23 所示。

图 6.23　创建"平面"

步骤10　按快捷键 C 将平面转为可编辑对象，将操作模式改为 点模式，激活"框选工具"选中平面中的点，移动点位置，制作剪刀的刀刃边缘，如图 6.24 所示。

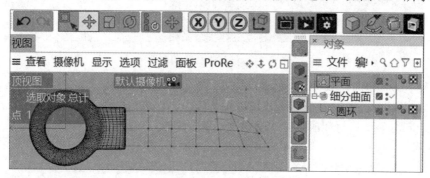

图 6.24　调整刀片形状

步骤11　将操作模式改为 多边形模式，在透视图中框选平面所有的面，按快捷键 M～T "挤压"平面，在"挤压"面板勾选"创建封顶"，拉出刀片厚度 55 cm，如图 6.25 所示。

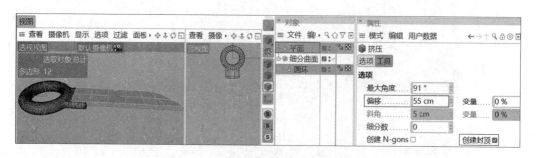

图 6.25　挤压刀片

步骤12　在菜单栏"网格"下拉菜单中选择"轴心"→"轴居中到对象"选择，如果刀片太厚或太薄，选择工具栏中的" 缩放工具 T"向下压扁或向上加厚，如图 6.26 所示。

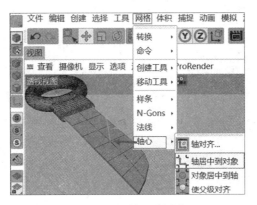

图 6.26　调整刀片厚度

步骤 13　按住 Alt 键，点击工具栏"🔲细分曲面"创建模型的细分，按快捷键 K～L 执行"循环/路径切割"命令，在"循环/路径切割"面板勾选"镜像切割"，分别在需要卡线的位置进行循环切割，如图 6.27 所示。

图 6.27　循环切割创建刀片卡线

步骤 14　框选所有对象，按 Alt+G 键成组，点击"🔳启用轴心"，选择工具栏中的"✛移动工具 E"并移动轴心至合适位置，关闭"🔳启动轴心"，如图 6.28 所示。

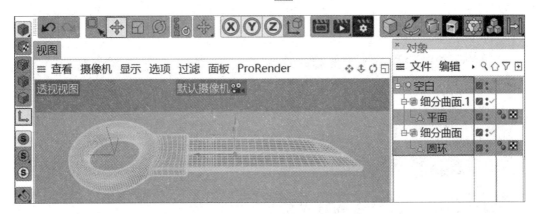

图 6.28　调整半边剪刀的轴心

步骤 15　复制粘贴半边剪刀，按快捷键 R 激活"🔘旋转工具"旋转半边剪刀，再按住 Shift 键翻转半边剪刀，设置旋转参数，如图 6.29 所示。

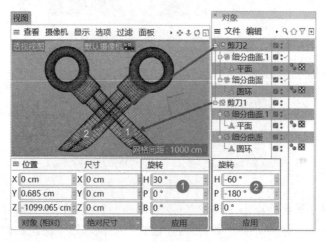

图 6.29　旋转并反转剪刀

步骤 16　点击工具栏中的"➕ 移动工具 E"向下移动到剪刀 2 的位置使两半边剪刀上下错开，如图 6.30 所示。

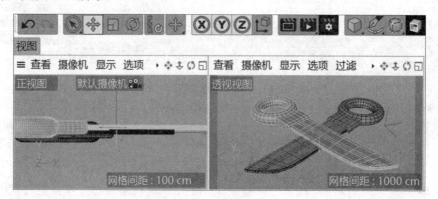

图 6.30　调整位置

步骤 17　在场景中创建一个"▯ 胶囊"，将胶囊放置在剪刀轴心位置，框选所有对象，按 Alt＋G 键成组，如图 6.31 所示。

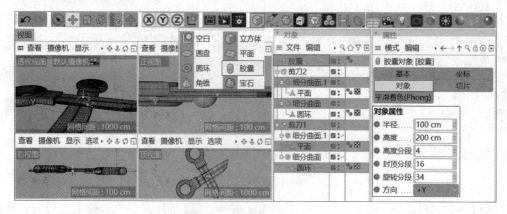

图 6.31　剪刀图形

步骤 18　在场景中创建一个 "L-Object"，调整对象属性的参数值，如图 6.32 所示。

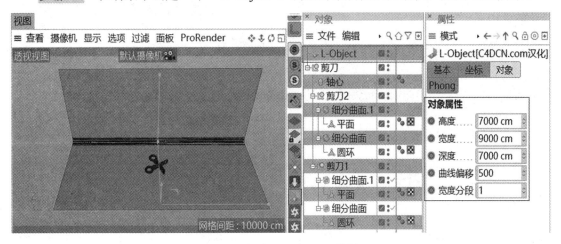

图 6.32　创建 "L-Object" 背景

步骤 19　点击 OC 渲染器窗口中的 "对象" 菜单，在其下拉菜单中选择 "Hdri 环境" 创建 Octane 天空，按住 Shift+F8 键打开 "内容浏览器"，搜索 "HDR 预设" 选择 "真实室内模拟.hdr"，将其拖到 Octane 环境标签面板着色器文件中，设置 "类型" 为 "浮点"，如图 6.33 所示。

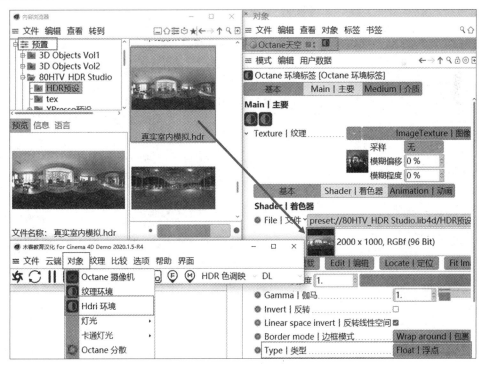

图 6.33　创建 "Hdri 环境"

步骤 20　在工具栏下点击 "Octane 漫射材质"，创建漫射材质球，设置漫射颜色为橘色(R255，G174，B33)，将材质赋给 L-Object，如图 6.34 所示。

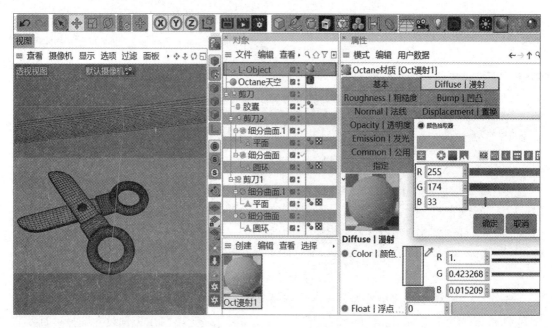

图 6.34   设置 L-Object 材质

步骤 21   创建 Octane 光泽材质球，设置其漫射颜色为蓝色(R15，G163，B243)，将材质赋给剪刀的两个圆环手柄，如图 6.35 所示。

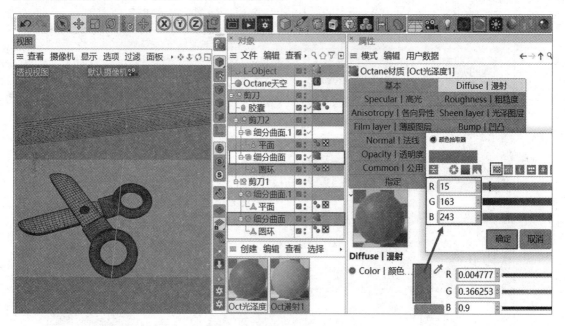

图 6.35   设置剪刀把手材质

步骤 22   在工具栏下选择"Octane 金属材质"创建金属材质，设置漫射颜色为浅黄色(R255，G218，B130)，粗糙度浮点为 0.4，将材质分别赋给对象面板中的"剪刀 1"和"剪刀 2"的"细分曲面.1"的剪刀刀刃部分，如图 6.36 所示。

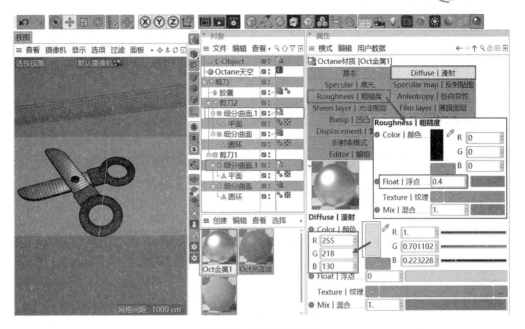

图 6.36　设置刀片材质

步骤 23　点击 OC 渲染器窗口中的" 设置"工具，打开 Octane 设置对话框，设置路径追踪的"最大采样"为 500，"漫射深度"为 16，"镜面深度"为 16，"散射深度"为 8，"全局光照修剪"为 1，点击"摄像机成像"选项卡的"成像"，设置滤镜曲线为 DSCS315_2，点击"摄像机成像"选项卡的"降噪"，勾选"开启降噪"，点击"后期"选项卡，勾选"启用"，设置"辉光强度"为 20，点击工具栏" 编辑渲染设置"，在渲染设置窗口选择 Octane Renderer 渲染器，设置"输出"为 1280 像素 × 720 像素，选择"保存"选项，设置保存的"格式"为 JPG，选择"Octane Renderer"选项，设置"图像颜色配置文件"为 sRGB，色调映射类型为色调映射，点击工具栏" 渲染到图片查看器工具"，在图片查看器窗口预览渲染效果图，点击" 将图像另存为"图标，将渲染的最终效果图保存到指定位置，保存 C4D 工程项目并进行文件打包，点击菜单栏"文件"→"保存工程(包含资源)"选项，进行文件保存命名及打包。

项目 7　花瓶建模

微课

项目描述

利用 C4D 的相关命令制作花瓶三维模型，效果如图 7.1 所示。

图 7.1　花瓶效果图

具体要求如下：

(1) 在场景中使用曲面建模工具创建花瓶模型。

(2) 使用拆分工具制作花瓶模型的上下部分模型。

(3) 加载预设花朵模型，给场景及物体赋材质。

(4) 渲染输出 JPG 图像，输出大小为 1280 像素 × 720 像素，并保存 C4D 工程项目打包文件。

核心知识点

1. 曲面建模——旋转

"旋转"生成器可以将样条对象围绕 Y 轴旋转生成三维模型。"旋转"生成器有两种创建方法。

第一种：执行"创建"→"生成器"→"旋转"菜单命令，如图 7.2 所示。

第二种：在快捷工具栏中单击"生成器"工具组，在弹出的菜单中选择"旋转"生成器，如图 7.3 所示。

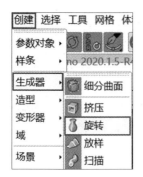
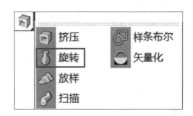

图 7.2　"创建"→"生成器"→"旋转"菜单命令　　图 7.3　在快捷工具栏中创建"旋转"

"旋转"生成器经常配合"画笔"工具 使用。常用的"对象"属性参数如图 7.4 所示。其中：

- "角度"：控制旋转对象沿 Y 轴旋转的角度，设置"角度"为 280°时的效果如图 7.5 所示。

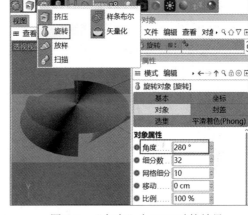

图 7.4　常用的"对象"属性参数　　　　　　图 7.5　"角度"为 280°时的效果

- "细分数"：用来设置旋转对象的细分数量。
- "网格细分"：用来设置等参线的细分数量。
- "移动"：用来设置旋转对象在 Y 轴上纵向移动的距离，设置"移动"为 370 cm 时的效果如图 7.6 所示。

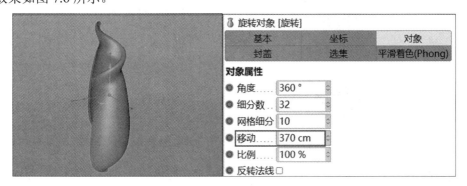

图 7.6　"移动"为 370 cm 时的效果

· "比例"：用来设置旋转对象在 Y 轴上移动的比例。图 7.7 所示为设置"比例"为 200%时的效果。

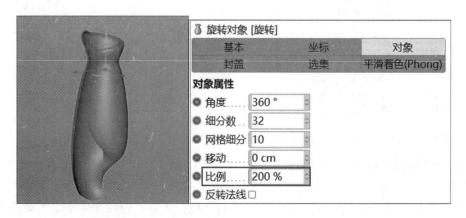

图 7.7   "比例"为 200%时的效果

· "反转法线"：CINEMA 4D 通常会将法线指向正确的方向。但是，对于开放式轮廓，不可能知道它们应该指向哪个方向。在这种情况下，可以通过更改样条的方向或启用"翻转法线"选项来控制法线的方向。

2. 拆分工具——分裂

"分裂"工具█的作用是可以把选择的"多边形"复制生成一个独立的多边形对象，如图 7.8 所示。

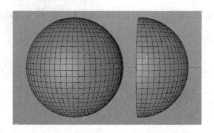

图 7.8   "分裂"的效果

在"多边形"模式下的透视图中点击鼠标右键，选择"分裂"工具 █，如图 7.9 所示。

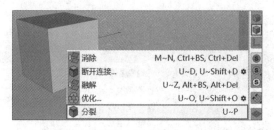

图 7.9   执行"分裂"的快捷方式

创建分裂后的模型，会在"对象"窗口中生成一个新的模型，如图 7.10 所示。

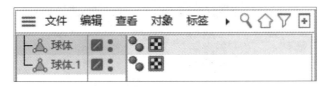

图 7.10　执行"分裂"后的对象窗口

项目实施

步骤 1　选择正视图，按 Shift + V 键打开视窗面板，在"背景"选项面板中导入"花瓶"的参考图，居中放置图片，将参考图的"透明"度设置为 50%，如图 7.11 所示。

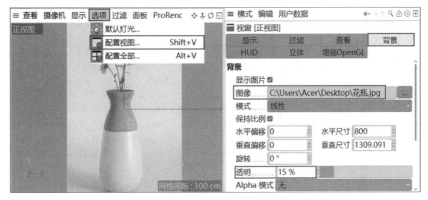

图 7.11　在"背景"选项面板中导入花瓶参考图

步骤 2　使用 "样条画笔"绘制半边花瓶轮廓线，如图 7.12 所示。

图 7.12　"样条画笔"绘制半边花瓶轮廓线

步骤 3　选择"样条"，按住 Alt 键选择"旋转"工具，将"样条"成为"旋转"的子集，切换透视图观察"花瓶"模型，激活"点"选择模式调整"样条"完善花瓶模型，如图 7.13 所示。

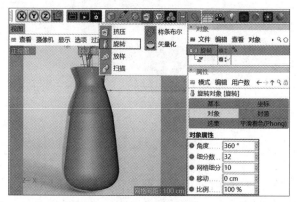

图 7.13　使用"旋转"工具建模

步骤 4　按快捷键 N~B 显示带线条的光影着色花瓶模型，发现"花瓶"模型样条线分布不均匀，选择"样条"模型，在样条的对象窗口中将"点插值方式"设置为"统一"，均匀分布模型的样条线，按快捷键 N~H 显示"线框"模式，如图 7.14 所示。

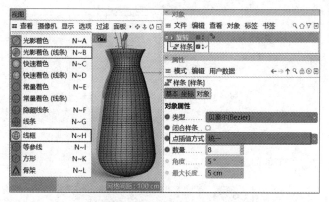

图 7.14　均匀分布样条线

步骤 5　在对象窗口中将"旋转"模型复制备份一个，重命名为"花瓶"，关闭"旋转"模型的编辑器和渲染器的显示状态，点击 　 "转为可编辑对象"按钮，将"花瓶"模型转为可编辑对象，如图 7.15 所示。

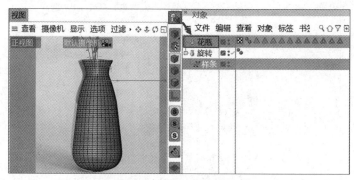

图 7.15　备份并转换可编辑对象模型

步骤 6　选择"面模式"，按快捷键 U~L 执行"循环选择"命令，选择需要分离部分的一圈面，如图 7.16 所示。

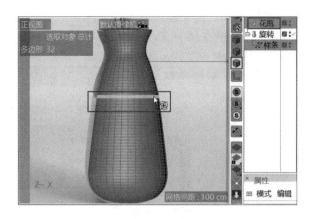

图 7.16　　"循环选择"面

步骤 7　按住 Shift 键同时，按快捷键 U～F 执行"填充选择"命令，将包括前面选中的一圈面在内的"花瓶"上半部分全部选中，如图 7.17 所示。

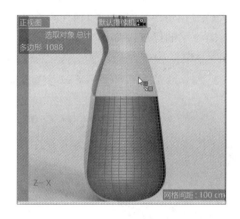

图 7.17　　"填充选择"面

步骤 8　在当前选中状态下，按快捷键 U～P 执行"分裂"命令，"花瓶"上半部分选中的面已复制为"花瓶 1"，如图 7.18 所示。

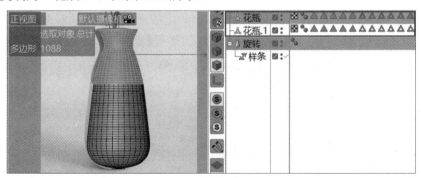

图 7.18　　"分裂"模型上下部分

步骤 9　将完整模型的"花瓶"上半部分删除，分别将"花瓶"和"花瓶 1"重命名为"花瓶下"和"花瓶上"，以示区分，为了方便后面的操作，在"模型模式"下按住 Shift

键时选中"花瓶上"和"花瓶下"这两个模型,点击"网格"→"轴心"→"轴居中到对象",将两个模型的轴心居中,如图 7.19 所示。

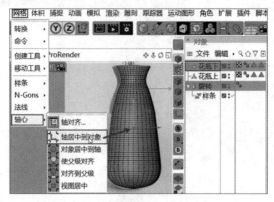

图 7.19   将两个模型的轴心居中

步骤 10   由于"花瓶"模型没有厚度,无法看到拆分效果。在"面模式"下选择"花瓶上"模型,按快捷键 M~T 执行"挤压"命令,将挤压"偏移"设置为 −10 cm,勾选"创建封顶",将模型向内部挤压出一定的厚度,如图 7.20 所示。

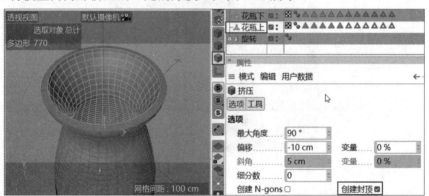

图 7.20   "挤压"上部分模型

步骤 11   使用同样的方法,选择"花瓶下"模型,鼠标右键点击"挤压",将"偏移"也设置为−10,勾选"创建封顶",向内部挤压出一定的厚度,如图 7.21 所示。

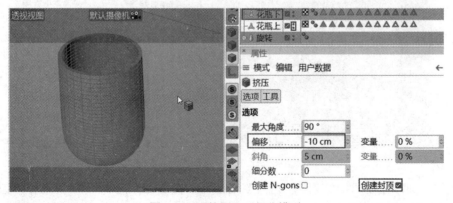

图 7.21   "挤压"下部分模型

步骤 12　按住 Ctrl+A 键同时全部选中"花瓶上"和"花瓶下"模型的面，右键选择"反转法线""U~R"，如图 7.22 所示。

图 7.22　"反转法线"模型

步骤 13　按住 Alt 键，分别给"花瓶上"和"花瓶下"模型添加"细分曲面"，并向下调整"花瓶上"模型的 Y 轴位置，使拆分部分适当贴合，按快捷键 Alt + G 组合花瓶上下部分，并重命名为"花瓶"，如图 7.23 所示。

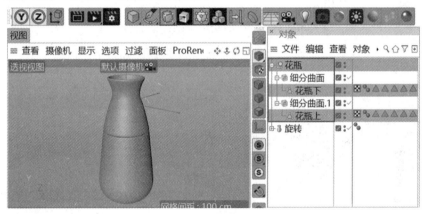

图 7.23　"细分曲面"模型

步骤 14　接下来添加预设花朵模型，按 Shift + F8 键打开内容浏览器，选择需要添加的预设花朵模型"Daisies"，将花朵适当放大并放置在花瓶口处，如图 7.24 所示。

图 7.24　在花瓶插入花朵

步骤 15 添加一个 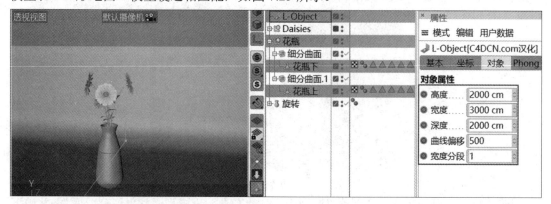"L 形地面"模型插件，设置"曲线偏移"为 500，调整"花瓶"模型和"L 形地面"模型使之相匹配，如图 7.25 所示。

图 7.25 创建并调整"L 形地面"模型

步骤 16 点击 OC 渲染器窗口下的"对象"菜单，在其下拉菜单中选择 "Hdri 环境"创建 Octane 天空，按住 Shift + F8 键打开"内容浏览器"，搜索"HDR 预设"选择"真实室内模拟.hdr"，将其拖到 Octane 环境标签面板着色器文件中，设置"类型"为"浮点"，如图 7.26 所示。

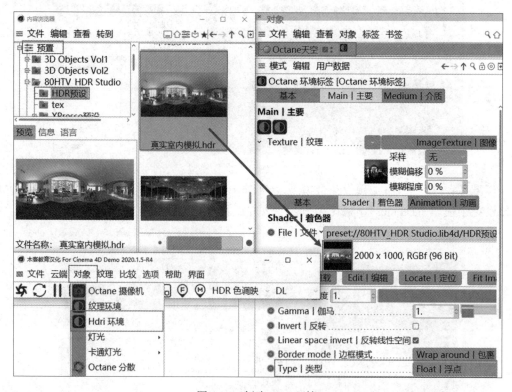

图 7.26 创建 Hdri 环境

步骤 17 创建"Octane 漫射材质"赋给"L 形地面"模型，材质球命名为"地面"，设置漫射颜色为浅灰色，如图 7.27 所示。

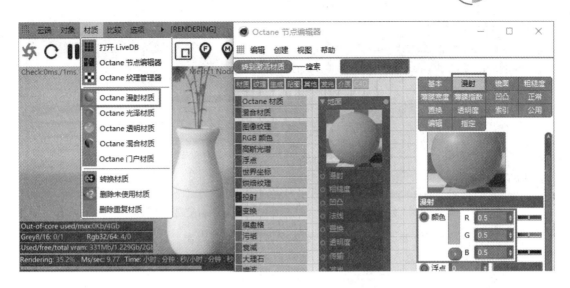

图 7.27　给"L 形地面"模型赋材质

步骤 18　创建"Octane 光泽材质"给"花瓶"下半部分添加一个"光泽"材质球，命名为"陶瓷"，在节点编辑器中调整材质球颜色为灰白色，并将"粗糙度"的"浮点"设置为 0.3，如图 7.28 所示。

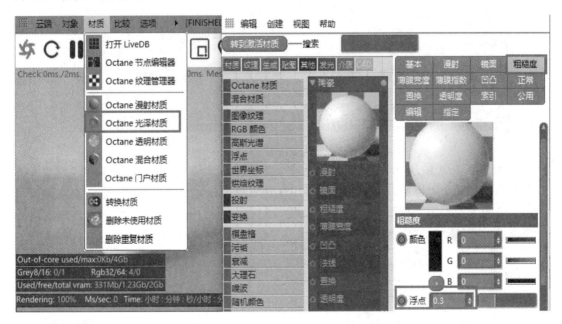

图 7.28　给"花瓶"下半部分添加材质球

步骤 19　在 Octane Renderer 渲染器的"材质"下拉菜单中给"花瓶"上半部分添加一个"光泽"材质球，命名为"木纹"，把"粗糙度"的"浮点"设置为 0.3，在节点编辑器中将"图像纹理"链接到"木纹"材质球的漫射上，并在"纹理"中加载"花瓶木纹.jpg"素材，如图 7.29 所示。

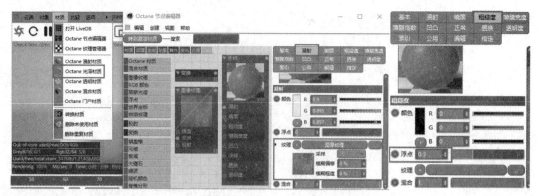

图 7.29　给"花瓶"上半部分添加材质球和纹理效果

步骤 20　横向木纹要改为纵向，需要在"着色器"中点击"UV 变换"，在弹出的"变换"选项卡中将"着色器"内的"R.Z"设置为 90，如图 7.30 所示。

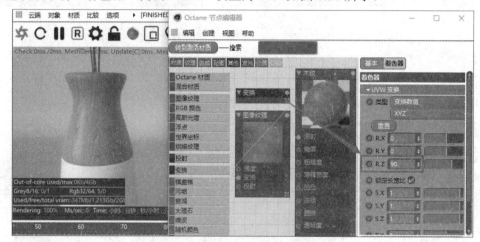

图 7.30　调整纹理效果

步骤 21　为了增加"花瓶"模型的透视效果，在 Octane Renderer 渲染器的"对象"下拉菜单中添加一个"摄像机"，点击此符号 🎥 进入摄像机，点击摄像机对象，在对象窗口中将"焦距"设置为"肖像(80 毫米)"，如图 7.31 所示。

图 7.31　添加并设置"摄像机"

步骤 22　点击工具栏中的 ⚙ 编辑渲染设置，在渲染设置窗口下选择 Octane Renderer 渲染器，设置"输出"为 1280 像素 × 720 像素，并选择"保存"选项，设置保存的格式为 JPG，如图 7.32 所示。

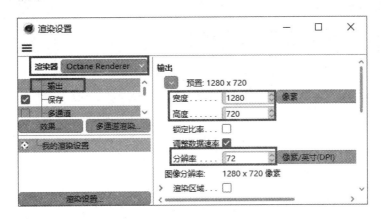

图 7.32　设置渲染和保存格式

步骤 23　点击工具栏中的 ▶ 渲染到图片查看器工具，在图片查看器窗口预览渲染效果，如图 7.33 所示。

图 7.33　渲染效果图

步骤 24　点击 🔖 "将图像另存为"图标，将渲染的最终效果图点击"确定"保存到指定位置。

微课

项目描述

利用 C4D 的相关命令创建哑铃三维模型，效果如图 8.1 所示。

图 8.1　哑铃效果图

具体要求如下：

(1) 在场景中使用细分曲面的 SDS 权重来创建哑铃模型。

(2) 使用循环切割工具卡线制作哑铃的连接部分。

(3) 使用 Octane Renderer 渲染器中的摄像机来调节焦距效果。

(4) 渲染输出 JPG 图像，输出大小为 1280 像素 × 720 像素，并保存 C4D 工程项目打包文件。

核心知识点

1. 细分曲面的 SDS 权重

在细分建模的时候，有时并不想让模型的有些地方过于平滑细分，一般情况下可以通过卡边来解决问题，但是卡边还是会有一些细分的影子，此时可以按住快捷键不放，按住鼠标左键左右移动，就会发现在右边立方体对象后面多了一个 SDS 细分权重标签 ，点击标签即可看到权重使用范围，如图 8.2 所示。

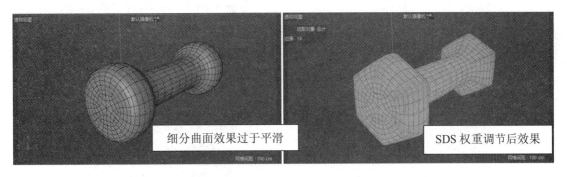

图 8.2　细分曲面的 SDS 权重前后对比

"SDS 权重"标签有两个用途：一是存储权重信息，它是在对细分曲面进行加权时自动创建的；二是控制层次结构中细分曲面下对象的细分，为每个对象分配一个单独的标记。

2．Octane Renderer 渲染器摄像机调节

"Octane 摄像机"的创建方法有以下两种。

第一种：在 OctaneLV 中执行"对象"→"Octane 摄像机"菜单命令，如图 8.3 所示。

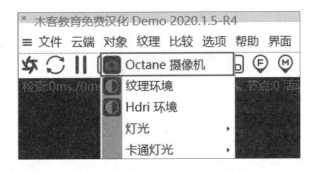

图 8.3　"Octane 摄像机"的创建方法一

第二种：使用鼠标右键单击"对象"面板中的"摄像机"对象，然后执行"C4doctane 标签"→"Octane 摄像机标签"菜单命令，如图 8.4 所示。

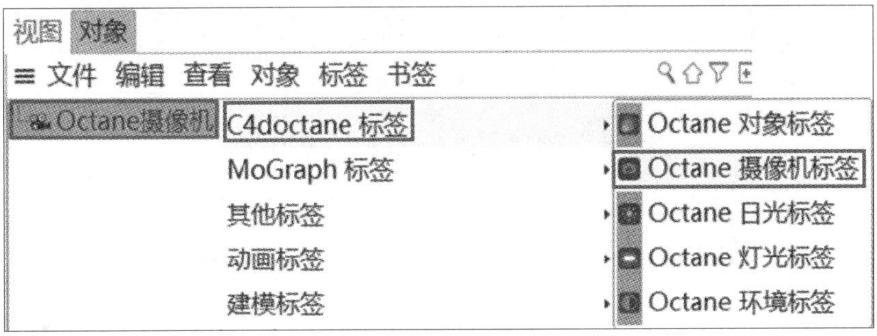

图 8.4　"Octane 摄像机"的创建方法二

创建好"Octane 摄像机"后，在对象窗口需要点击"摄像机对象" 标签激活摄像机状态，如图 8.5 所示。

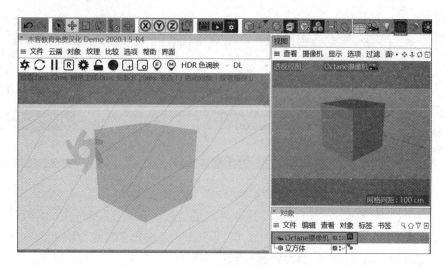

图 8.5　激活摄像机

激活摄像机后，可按住 Alt 键，移动鼠标左键调节视觉角度。

项目实施

步骤 1　新建一个圆柱体，在对象面板中设置"半径"为 160 cm，"高度"为 125 cm，"高度分段"为 1，"旋转分段"为 6，"方向"为 +X，按快捷键 N～B 启用光影着色(线条)显示模式，如图 8.6 所示。

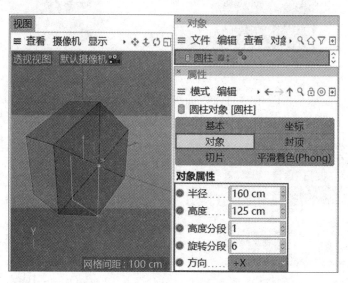

图 8.6　创建圆柱体

步骤 2　按快捷键 C 将圆柱体模型转换为可编辑对象，在 █ 面模式下按住 Shift 键将圆柱侧边六个面选中，按快捷键 M～W 执行"内部挤压"命令，将圆柱体侧面向内挤压 60 cm，如图 8.7 所示。

图 8.7　"内部挤压"面

步骤 3　在透视视图中将被挤压的面沿 X 轴向外拉一段距离，如图 8.8 所示。

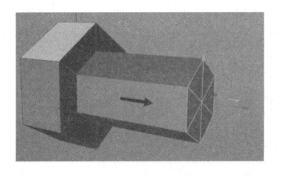

图 8.8　"挤压"侧面

步骤 4　在编辑模式工具栏中点击并激活 model 模型模式，选择 "启用轴心"和 "启用捕捉"，将坐标轴向右对齐，如图 8.9 所示。

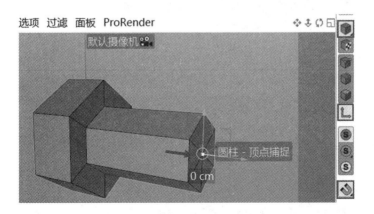

图 8.9　调整坐标轴

步骤 5　取消"启用轴心" 和"启用捕捉" 的选中状态，选择面模式，按 Delete 键删除当前选择的六个面，按住 Alt 键选择"对称"，在对象面板中将"镜像平面"设置为

ZY，如图 8.10 所示。

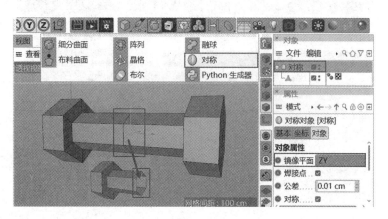

图 8.10　创建"对称"效果

步骤 6　在对象窗口中选择"圆柱"层，在 ⬛ "边模式"下激活框选工具，框选哑铃中线，按 T 键适当放大，使哑铃手柄有一个粗细过渡效果，如图 8.11 所示。

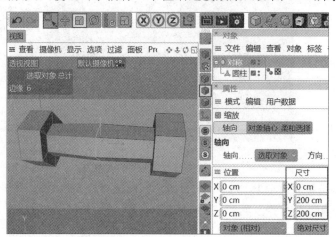

图 8.11　调整"哑铃"手柄

步骤 7　在对象窗口中选中"对称"层，按住 Alt 键，在快捷工具栏生成器中选择 ⬛ "细分曲面"，给模型添加一个细分效果，如图 8.12 所示。

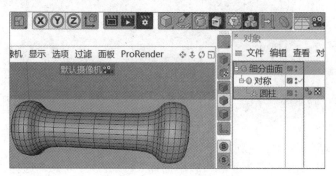

图 8.12　"细分曲面"模型

步骤 8　预览细分曲面后的哑铃模型，线条过于光滑流畅了，需要通过添加"细分曲面"的权重来增加模型的棱角弧度。暂时取消"细分曲面"效果，选择"圆柱"层，在面模式下选中左边的 6 个面，进行"内部挤压"，如图 8.13 所示。

图 8.13　"内部挤压"侧面

步骤 9　在边模式下，启用 U～B 环状选择，选择哑铃左端圆柱的 18 条边，如图 8.14 所示。

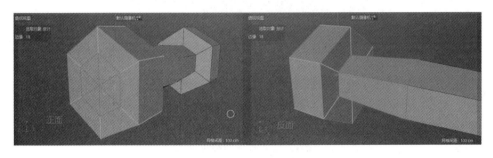

图 8.14　选择 18 条边

步骤 10　按住键盘上的"."键，同时按住并拖动鼠标左键，松开后会发现"圆柱"层后面出现了一个"SDS 权重"标签，开启"细分曲面"效果后，如图 8.15 所示。

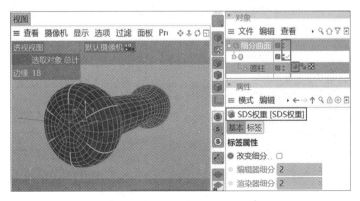

图 8.15　创建"SDS 权重"

步骤 11　预览哑铃背面转折处线条还是过于平滑，可以点击鼠标右键选择"循环切割"

K～L 键，以背面的转折线为中心在其两边进行两次"循环切割"的卡线操作，如图 8.16 所示。

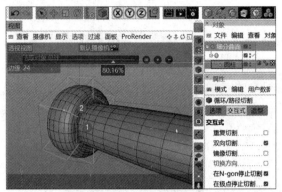

图 8.16   "循环切割"卡线

步骤 12   进一步调整细分效果，勾选"镜像切割"，在哑铃头部侧面卡线，如图 8.17 所示。

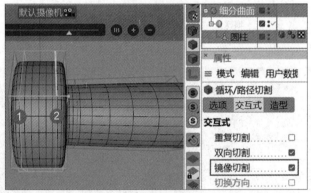

图 8.17   "镜像切割"卡线

步骤 13   开启"细分曲面"效果，将"SDS 权重"标签内的"编辑器细分"和"渲染器细分"分别设置为 3，按住"."键不放，移动鼠标左键调整权重效果直到满意为止，如图 8.18 所示。

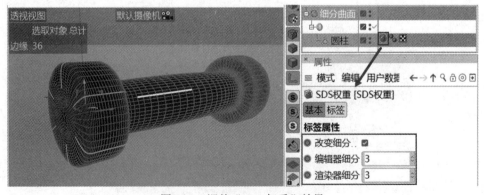

图 8.18   调整"SDS 权重"效果

步骤 14   按快捷键 N～A 启用光影着色显示模式，按快捷键 Ctrl＋C 将"细分曲面"层复制，然后分别重命名为"哑铃 1"和"哑铃 2"，使用"移动"和"旋转"工具调整模型的位置，如图 8.19 所示。

图 8.19　复制并调整模型

步骤 15　在场景中创建 L-Object，调整大小和位置，将"曲线偏移"设置为 500，如图 8.20 所示。

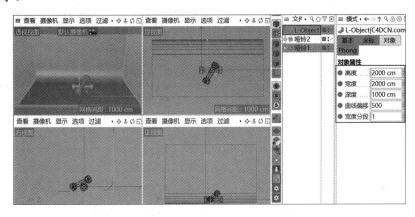

图 8.20　添加"L 形地面"

步骤 16　为了增加"哑铃"模型的透视效果，在 Octane Renderer 渲染器的"对象"下拉菜单中添加一个"摄像机"，设置"焦距"为"电视(135 mm)"，点击"摄像机对象"标签 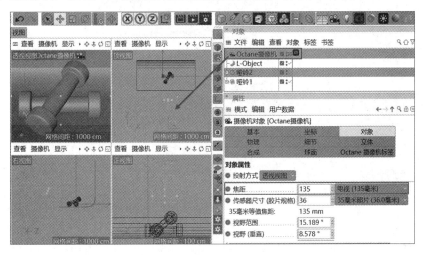 进入摄像机，按住 Alt 键调整合适的摄像机视角，如图 8.21 所示。

图 8.21　调节摄像机视角

步骤 17　点击 OC 渲染器窗口中的"对象"菜单，在其下拉菜单中选择"Hdri 环境"创建 Octane 天空，按住 Shift + F8 键打开"内容浏览器"，搜索"HDR 预设"选择"真实室内模拟.hdr"，将其拖到 Octane 环境标签面板着色器文件中，设置"类型"为"浮点"，如图 8.22 所示。

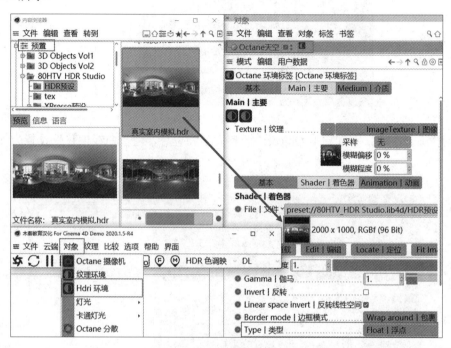

图 8.22　创建"Hdri 环境"

步骤 18　创建 Octane 漫射材质球，并赋给 L-Object，设置材质球漫射颜色为浅灰色(R199，G199，B199)，如图 8.23 所示。

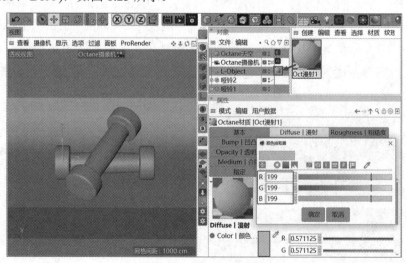

图 8.23　给 L 形地面模型添加漫射材质球

步骤 19　复制 Octane 漫射材质球，设置漫射颜色为浅绿色(R141，G220，B209)，并将"粗糙度"的"浮点"设置为 0.3，将该材质球赋给哑铃 1，如图 8.24 所示。

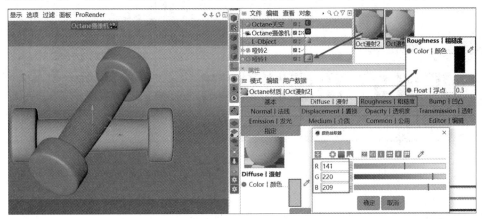

图 8.24 给"哑铃 1"模型赋材质

步骤 20 复制哑铃 1 的材质球，将漫射颜色改为紫红色(R232，G152，B217)，如图 8.25 所示。

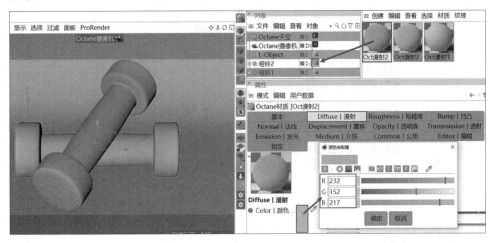

图 8.25 给"哑铃 2"模型赋材质

步骤 21 点击 OC 渲染器窗口中的" 设置"工具，打开 Octane 设置对话框，设置路径追踪的"最大采样"为 500，"漫射深度"为 16，"镜面深度"为 16，"散射深度"为 8，"全局光照修剪"为 1，点击"摄像机成像"选项卡的"成像"，设置"滤镜曲线"为 DSCS315_2，点击"摄像机成像"选项卡中的"降噪"，勾选"开启降噪"，单击"后期"选项卡，勾选"启用"，设置"辉光强度"为 20，点击工具栏中的" 编辑渲染设置"，在渲染设置窗口选择 Octane Renderer 渲染器，设置"输出"为 1280 像素 × 720 像素，选择"保存"选项，设置保存的"格式"为 JPG，选择"Octane Renderer"选项，设置"图像颜色配置文件"为 sRGB，色调映射类型为色调映射，点击工具栏中的" 渲染到图片查看器工具"，在图片查看器窗口预览渲染效果图，点击" 将图像另存为"图标，将渲染的最终效果图保存到指定位置，保存 C4D 工程项目并进行文件打包，点击菜单栏"文件"→"保存工程(包含资源)"选项，进行文件保存命名及打包。

项目 9   小雪糕建模

微课

项目描述

利用 C4D 相关命令制作小雪糕三维模型，效果如图 9.1 所示。

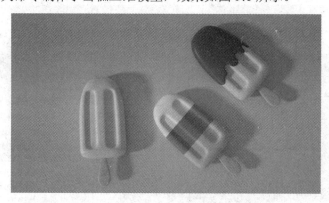

图 9.1   小雪糕效果图

具体要求如下：

(1) 在场景中创建小雪糕模型。

(2) 设置材质并调整参数。

(3) 场景及灯光的搭建。

(4) 渲染输出格式为 JPG 的图像，输出大小为 1280 像素 × 720 像素，并保存 C4D 工程项目打包文件。

核心知识点

1. "对称"生成器

"对称"生成器 是镜像复制模型的工具，常用在可编辑对象的建模中。使用时先将几何体转换为可编辑对象，再在工具栏"细分曲面"下拉面板中选择"对称"选项，当选择细分曲面面板的命令时要按住 Alt 键，因此"对称"命令是可编辑多边形物体的父级命令，对称命令及参数面板如图 9.2 所示。

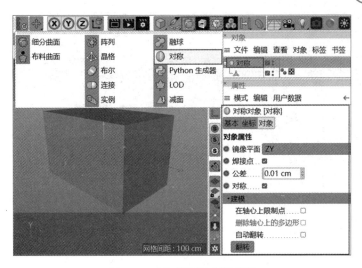

图 9.2　对称变形器参数面板

图 9.2 中"对象属性"项说明如下：

• "镜像平面"：设置需要对称复制模型的对称轴，有 XY、ZY、XZ 三个选项，ZY 是默认值，其在正视图用于具有垂直对称的对象，例如面。

• "焊接点"：默认勾选该选项，可以将对称的模型定点连接，使边缘处的点自动焊接，将两个点变为一个，对象顺利连接后，焊接点处不会产生接缝。

• "公差"：此选项是用来设置对称模型之间的距离，在"公差"框中输入最大焊接半径，彼此之间在此距离内的点将被卡扣在一起并焊接。

• "对称"：默认勾选该选项。为了确保焊接点准确放置在镜像轴上，每个焊接点都放置在形成它的点之间的镜像轴上。若要镜像多个对象，则要将多个对象组合在一起，并使该组成为 Symmetry 对象的子对象。

2. 建模

图 9.2 中"建模"项说明如下：

• "在轴心上限制点"：此选项是一种安全设置，有助于防止在微调过程中使位于镜像轴上的点错位，该点将在定义的公差范围内捕捉到对称平面，如果禁用此选项，则无法移动点。

• "删除轴心上的多边形"：此选项是一种安全设置，可防止在对称轴上创建公共的面。

• "自动翻转"：此选项作用是在建模时将镜像的原始几何图形放置在镜像平面的另一侧，通过单击"翻转"按钮或通过"自动翻转"完成。

项目实施

步骤 1　创建立方体 模型，设置对象属性"尺寸.X"为 120 cm，"尺寸.Y"为 200 cm，"尺寸.Z"为 36 cm，同时按快捷键 N 和 B，显示光影着色(线条)模式，为了对模型进行"对称"操作，设置立方体"分段 X"为 2，"分段 Y"为 4，"分段 Z"为 1，如图 9.3 所示。

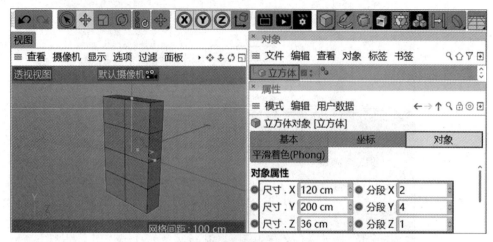

图 9.3   创建立方体

步骤 2   复制"立方体 1",设置对象属性"尺寸.X"为 30 cm,"尺寸.Y"为 60 cm,
"尺寸.Z"为 10 cm,"分段 X"为 1,"分段 Y"为 5,"分段 Z"为 1,将其移动至"立方
体"正下方,如图 9.4 所示。

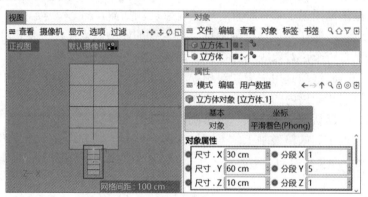

图 9.4   复制立方体并调整尺寸和位置

步骤 3   按快捷键 C 将立方体"转为可编辑对象",选择"面模式"[icon],单击鼠标中
键切换为正视图,按 0 键框选立方体的一边,按 Delete 键删除,如图 9.5 所示。

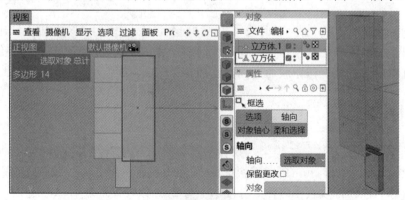

图 9.5   在正视图界面删除立方体的一边

步骤 4　按住 Alt 键选择工具栏"细分曲面"面板的"对称"，将左半边立方体复制到右边，如图 9.6 所示。

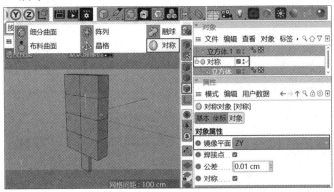

图 9.6　使用"对称"复制立方体

步骤 5　进入"点模式"，框选立方体的点，调整位置，这时会发现复制后的立方体另一半也会跟着变化，根据"小雪糕"外形调整大致形状，如图 9.7 所示。

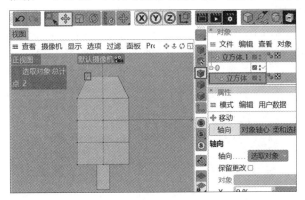

图 9.7　点模式下调整"小雪糕"大致形状

步骤 6　在对象窗口中选择"对称"，按住 Alt 键选择" 细分曲面"，制作出有弧度的"小雪糕"形状，由于立方体细分曲面网格过密，不便于进一步地建模，需要将"细分曲面"模型的"编辑器细分"和"渲染器细分"参数设置为 1，将细分曲面网格变大，如图 9.8 所示。

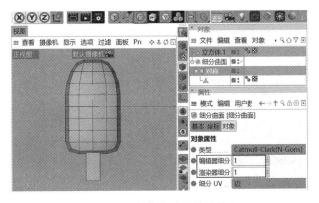

图 9.8　制作小雪糕的形状

步骤 7 接下来要在小雪糕上制作凹槽,先选中对象窗口中的"细分曲面"模型,按快捷键 C 将"当前状态转对象",将转换后的"立方体"拖曳出"细分曲面",并删除已成为空白对象的"细分曲面",如图 9.9 所示。

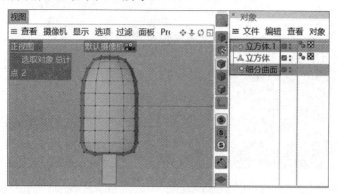

图 9.9 重新分离立方体模型

步骤 8 激活 面选择模式,按 0 框选雪糕右半边并删除,再按 Alt 键选择"对称"重新复制雪糕右半边,在对称对象属性面板勾选"在轴心上限制点",此选项可防止立方体中心点坐标的位移,如图 9.10 所示。

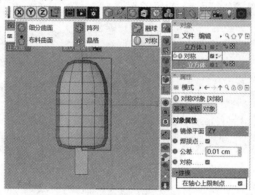

图 9.10 再次对称复制雪糕右半边

步骤 9 因为"小雪糕"的"凹槽"是双面都有的,所以需要将对象窗口中的"对称"模型再进行一次对称复制,先关闭"对称"模型的对称效果,选择"面模式",进入"左视图"界面,框选立方体的后半部分进行删除,如图 9.11 所示。

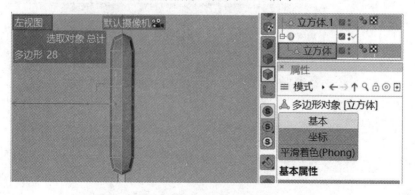

图 9.11 在左视图中删除立方体的后半部分

步骤 10　选择对象窗口中"对称"模型，开启前面关闭的对称效果，按住 Alt 键选择"对称" 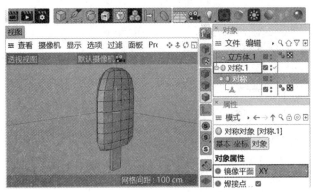，进行两次层级对称效果，并将"对称 1"窗口中的"镜像平面"设置为 XY，如图 9.12 所示。

图 9.12　对称复制雪糕后半部分

步骤 11　切换 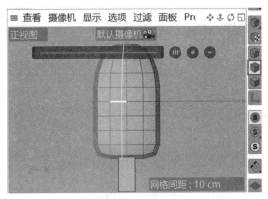 边选择模式，按快捷键 K～L 执行"循环/路径切割"命令，在雪糕中间位置切割一条循环线，如图 9.13 所示。

图 9.13　在雪糕中间切割一条循环线

步骤 12　在 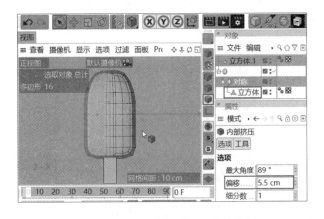 面模式下按快捷键 9 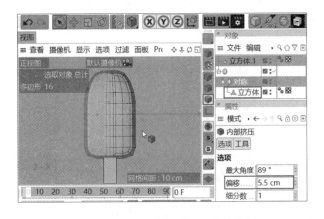 实时选择合适的面，按快捷键 M～W 执行"内部挤压"命令，挤压并制作雪糕中间"凹槽"的基本形状，如图 9.14 所示。

图 9.14　选择适当的面进行"内部挤压"

步骤 13　按快捷键 M~T 执行"挤压"命令,将雪糕中间的面挤压一定的深度,形成凹槽,如图 9.15 所示。

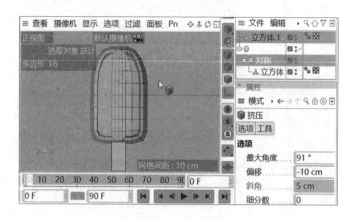

图 9.15　挤压雪糕凹槽

步骤 14　在对象面板选择"对称 1",按 Alt 键给其添加" 细分曲面",使雪糕表面凹槽变得平滑,如图 9.16 所示。

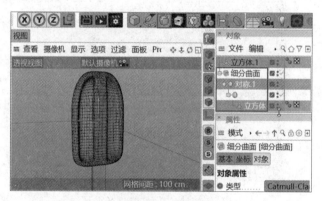

图 9.16　添加"细分曲面"效果

步骤 15　接下来制作雪糕棍。按快捷键 C 键将"立方体.1"转为可编辑对象,选择"点模式",按快捷键 0 框选每一层的点使用缩放工具调整位置,如图 9.17 所示。

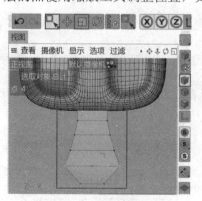

图 9.17　调整点位置

步骤 16　切换 ⬛ 边选择模式，按快捷键 K～L 执行"循环/路径切割"命令，在其"交互式"面板中勾选"镜像切割"，在雪糕棍模型的边缘进行镜像循环切割，如图 9.18 所示。

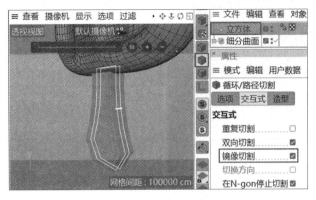

图 9.18　循环/路径切割雪糕棍

步骤 17　按住 Alt 键单击工具栏 ⬛ 下的"细分曲面.1"，将"立方体 1"制作成水滴形"雪糕棍"，如图 9.19 所示。

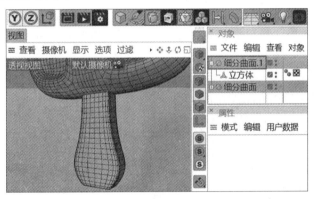

图 9.19　制作成水滴形"雪糕棍"

步骤 18　"小雪糕"的基本模型已完成，为了方便后面的渲染，可将对象窗口中的"细分曲面.1"和"细分曲面.2"按 Alt + G 键创建组，并重命名为"小雪糕 1"，如图 9.20 所示。

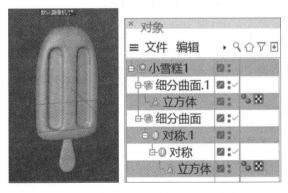

图 9.20　将模型图层创建组并重命名

步骤 19　接下来制作"小雪糕"外面的巧克力脆皮，复制一个之前隐藏的"细分曲面.1"

模型，开启编辑时显示状态，重命名为"巧克力"，暂时关闭"巧克力"的细分曲面效果，选择模型下的"立方体"，按快捷键 T 适当调整大小，使其刚好包裹住"小雪糕"，如图 9.21 所示。

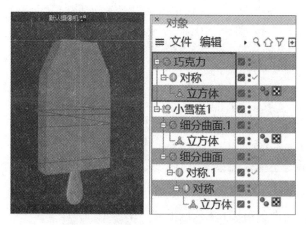

图 9.21　调整"巧克力"模型大小

步骤 20　选择"面模式"，按快捷键 0 框选下面部分的面并删除，并适当调整高度，开启"细分曲面"效果，将"编辑器细分"和"渲染器细分"分别设置为 2，如图 9.22 所示。

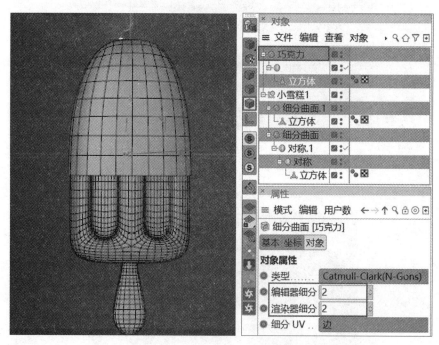

图 9.22　设置"巧克力"模型细分参数

步骤 21　选择"巧克力"模型，点击鼠标右键，在弹出的下拉菜单中选择"当前状态转对象"，然后按 Alt + Shift 键在对象窗口中暂时关闭"巧克力"模型的编辑时显示状态，保留转换后的效果模型，如图 9.23 所示。

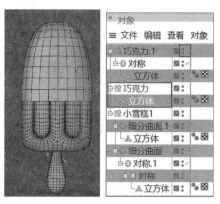

图 9.23　将"巧克力"模型转换当前对象

步骤 22　制作"巧克力脆皮"上的凹凸效果。选择"巧克力"→"立方体",进入正视图,在"面模式"下,使用"实时选择" 工具按住 Shift 键选中若干面删除,制作出凹凸效果,如图 9.24 所示。

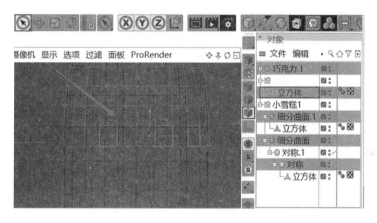

图 9.24　制作"巧克力"模型凹凸效果

步骤 23　切换到透视图,按快捷键 M~T 执行"挤压"命令,将被选择的面挤压"偏移"设置为 3.5 cm,向外挤压出适当厚度,如图 9.25 所示。

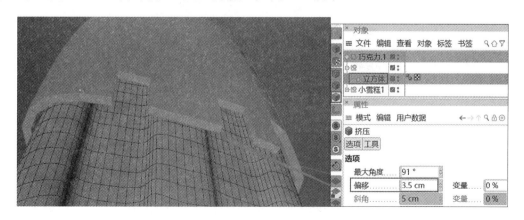

图 9.25　对"巧克力"模型进行挤压

步骤 24　按住 Alt 键选择  "细分曲面"，给"巧克力"中的"立方体"添加细分曲面效果，如图 9.26 所示。

图 9.26　对"巧克力"模型进行"细分曲面"

步骤 25　为了让"巧克力"流体效果更逼真，在正视图下切换到"点"选择模式，适当调整点的位置，使"巧克力"流体效果错落有致，更加逼真，如图 9.27 所示。

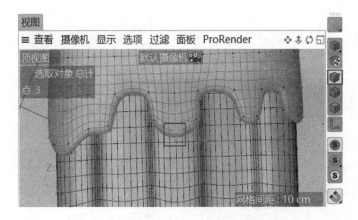

图 9.27　调整凹凸效果

步骤 26　小雪糕最终效果如图 9.28 所示。

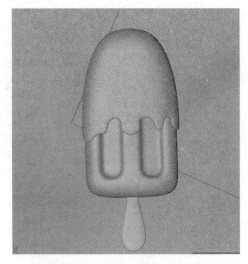

图 9.28　"巧克力雪糕"效果图

步骤 27　复制"小雪糕 1"模型，重命名为"小雪糕 2"，同时将"小雪糕 1""小雪糕 2"和"巧克力"三个模型按 R 键水平翻转-90°，点击工具栏中的 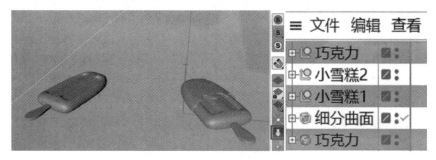"地面对齐"工具，使其与工作平面对齐，如图 9.29 所示。

图 9.29　旋转"小雪糕"模型并对齐工作平面

步骤 28　创建 L-Object 地面，设置"高度""宽度"和"深度"都为 2000 cm，"曲线偏移"为 500，通过俯视视角来调整"小雪糕"模型的位置和角度，如图 9.30 所示。

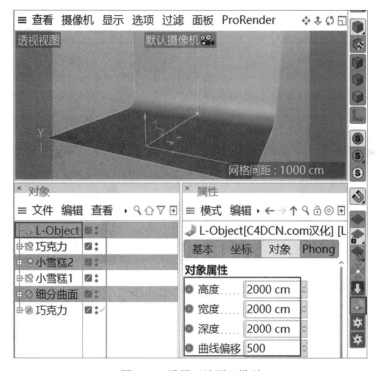

图 9.30　设置"地面"模型

步骤 29　点击 OC 渲染器窗口下的"对象"菜单，在其下拉菜单中选择 "Hdri 环境"创建 Octane 天空，按住 Shift + F8 键打开"内容浏览器"，搜索"HDR 预设"选择"真实室内模拟.hdr"，将其拖到 Octane 环境标签面板着色器文件中，设置"类型"为"浮点"，如图 9.31 所示。

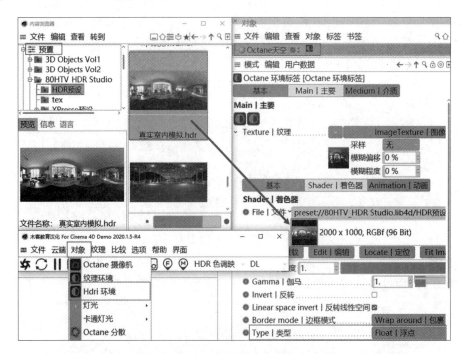

图 9.31 创建"Hdri 环境"

步骤 30 加载 Hdri 环境设置前后效果，如图 9.32 所示。

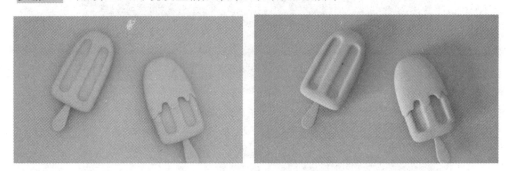

图 9.32 设置 Hdri 环境前后对比效果

步骤 31 给 L-Object 模型创建一个 Octane 漫射材质球,设置漫射颜色为浅蓝色(R131,G226,B242),如图 9.33 所示。

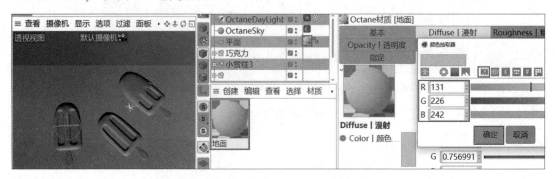

图 9.33 给 L-Object 赋材质

步骤 32 给"雪糕棍"创建一个 Octane 漫射材质球，在漫射面板的纹理"着色器"加载素材中的"木纹"，如图 9.34 所示。

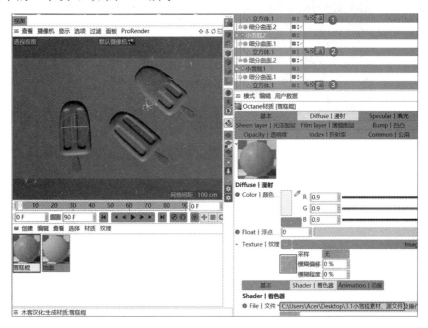

图 9.34 给"雪糕棍"赋木纹材质

步骤 33 给两个"小雪糕"模型创建一个 Octane 漫射材质球，在"漫射"中设置颜色为粉色(R243，G187，B187)，如图 9.35 所示。

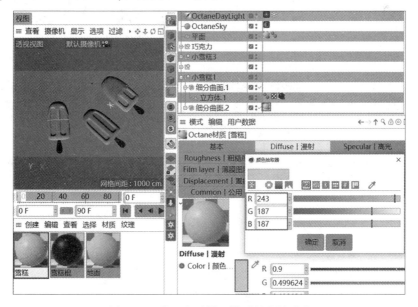

图 9.35 给"小雪糕"模型创建材质球

步骤 34 给两个"巧克力"模型创建一个 Octane 漫射材质球，在"漫射"中设置颜色为巧克力色(R117，G68，B68)，如图 9.36 所示。

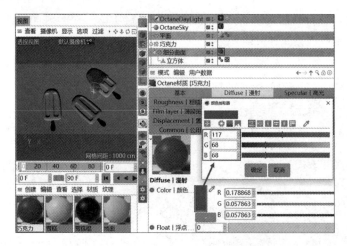

图 9.36　给"巧克力"模型创建材质球

步骤35　在对象窗口中复制"小雪糕2"模型，重命名为"小雪糕3"，调整好位置后，在 OC 渲染器中添加一个名为"渐变雪糕"的反射材质球，打开节点编辑器，给材质球添加"渐变""单一波纹"和"变换"，选择"变换"，将"R.Z"角度设置为90，选择"渐变"，设置三种渐变色，将"插值"设置为"常数"，渐变后的"小雪糕3"周边会有多余的颜色，在节点编辑器中给"单一波纹"添加一个"投射"，将着色器中的"纹理投射"更改为"XYZ到UVW"，勾选"锁定宽高比"，调整"S.X"参数到适当大小，如图9.37所示。

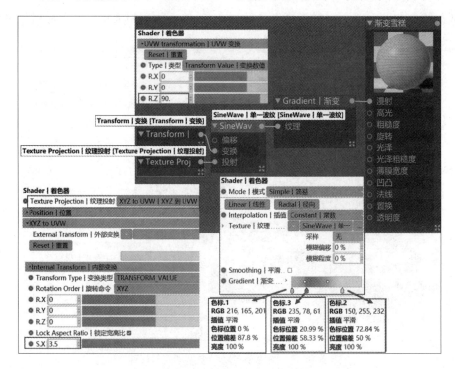

图 9.37　给"渐变雪糕"模型创建并设置材质

步骤36　调整后的"渐变雪糕"效果，如图9.38所示。

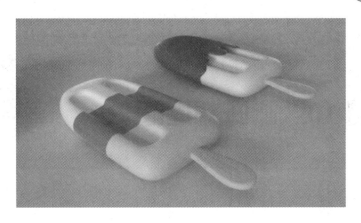

图 9.38　"渐变雪糕"效果图

步骤 37　在 OC 渲染器的"对象"下拉菜单添加一个"日光" ，在透视图中调整到俯视角度，按住 R 键旋转适当角度，选择"日光标签"，在"主要"窗口中勾选"混合天空纹理"，将"天空颜色"和"太阳颜色"调整为白色，设置"天空浑浊"为 4.2，"向北偏移"为 0.4，"太阳大小"为 10，如图 9.39 所示。

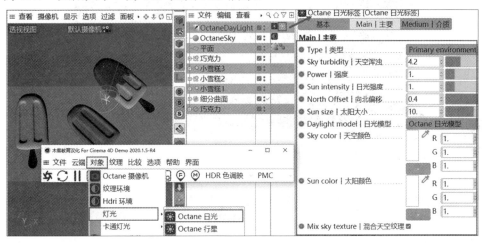

图 9.39　给模型设置环境日光

步骤 38　点击 OC 渲染器窗口中的" 设置"工具，打开 Octane 设置对话框，设置路径追踪的"最大采样"为 500，"漫射深度"为 16，"镜面深度"为 16，"散射深度"为 8，"全局光照修剪"为 1，点击"摄像机成像"选项卡中的"成像"，设置"滤镜曲线"为 DSCS315_2，单击"摄像机成像"选项卡的"降噪"，勾选"开启降噪"，点击"后期"选项卡，勾选"启用"，设置"辉光强度"为 20，点击工具栏中的" 编辑渲染设置"，在渲染设置窗口选择 Octane Renderer 渲染器，设置"输出"为 1280 像素×720 像素，选择"保存"选项，设置保存的"格式"为 JPG，选择"Octane Renderer"选项，设置"图像颜色配置文件"为 sRGB，色调映射类型为色调映射，点击工具栏中的" 渲染到图片查看器工具"，在图片查看器窗口预览渲染效果图，点击" 将图像另存为"图标，将渲染的最终效果图保存到指定位置，保存 C4D 工程项目并进行文件打包，点击菜单栏"文件"→"保存工程(包含资源)"选项，进行文件保存命名及打包。

项目 10　咖啡杯建模

微课

项目描述

使用 C4D 的相关命令创建咖啡杯三维模型，如图 10.1 所示。

图 10.1　咖啡杯参考图

具体要求如下：

(1) 创建咖啡杯，杯子和手柄连接处需要自然圆滑。

(2) 可根据场景在咖啡杯周围添加其他相应物品。

(3) 设置材质并赋给物体。

(4) 渲染输出 JPG 图像，输出大小为 1280 像素 × 720 像素，并保存 C4D 工程项目打包文件。

核心知识点

C4D 工具栏扭曲命令工具图标如图 10.2 所示。

图 10.2　扭曲命令工具图标

扭曲命令"对象"参数面板如图 10.3 所示。其中：

• "尺寸"：在尺寸输入框可设置变形器的尺寸。

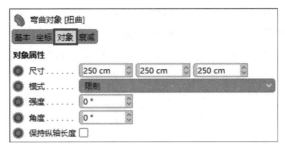

图 10.3 扭曲"对象"参数面板

- "模式"：可设置扭曲变形的三种模式，即"限制""框内""无限"。当设置在"限制"模式下，整个对象都会受到影响，如图 10.4(a)所示，位于线框内的对象将弯曲变形；当设置在"框内"模式下，如图 10.4(b)图所示，线框内的对象表面被扭曲，线框外的表面将不受影响；当设置在"无限"模式下，如图 10.4(c)所示，整个对象都发生扭曲变形。

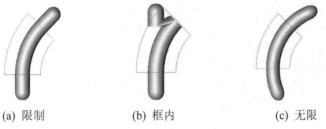

(a) 限制   (b) 框内   (c) 无限

图 10.4 扭曲变形的三种模式

- "强度"：定义扭曲变形的强度，可以在视窗口中拖动橙色手柄以交互方式更改此值。
- "角度"：定义扭曲变形的方向，可以在视口中拖动橙色手柄以交互方式更改此值。
- "保持纵轴长度"：如果启用此选项，则对象将保留其原始长度。

项目实施

步骤 1 打开 C4D，检查自定义工具栏，将 OC 渲染区拖曳到视图左侧，调整布局如图 10.5 所示。

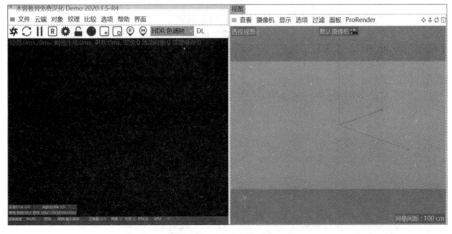

图 10.5 设置 C4D 布局

步骤 2 　按 Shift + F8 打开"内容浏览器"窗口，在 3D Objects Vol2 模型库中找到"Sofas"沙发，在右侧沙发库中选择 Sofa Design 03-1 Seat 的深色单人沙发模型并拖曳到层级面板，再选择 Coffee Tables 咖啡桌中的 Coffee Table 10，将其也拖曳到层级面板中，点击鼠标中间的滚轮切换到四视图显示模式，按快捷键 E 激活移动工具，将沙发摆在咖啡桌右侧，由于新创建的物体初始位置都在原点，因此需要调整各物体的位置，再按快捷键 R 旋转咖啡桌的角度如图 10.6 所示，再点击竖条工具栏中的 L-Object 图标 ■，在场景中创建一个直角平面作为地面和墙壁，将其位置移到靠近沙发的位置。

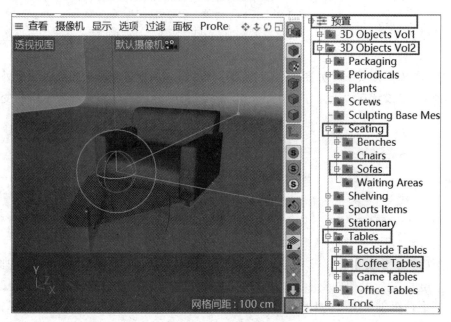

图 10.6 　搭建场景

步骤 3 　按快捷键 F4 切换到正视图的单视口，点击视图选项卡下的"过滤"菜单，在其下拉菜单中单击"网格"，将场景中的灰色网格线隐藏，方便创建及修改模型，如图 10.7 所示。

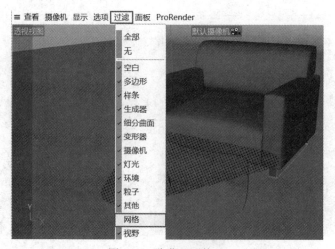

图 10.7 　隐藏"网格"

步骤 4　将层级面板物体重命名，用鼠标双击 L-Object，将其名称更名为"地面"，按同样的方法将 Sofa Design 03-1 Seat 更名为"沙发"，将 Coffee Table 10 更名为"咖啡桌"，然后在地面后的两点位置按 Alt + Shift + 鼠标左键，将灰色的双点变成红色双点，将场景中的地面隐藏，按此方法在场景中隐藏沙发，只在场景中显示咖啡桌，创建场景的目的是以咖啡桌的尺寸为参考创建咖啡杯，如图 10.8 所示。

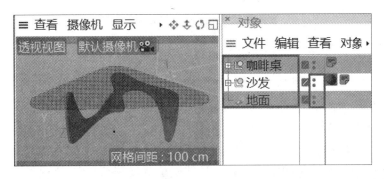

图 10.8　隐藏"地面"和"沙发"

步骤 5　在工具栏中选择立方体工具图标，在其下拉面板中选择"圆柱"，设置圆柱对象属性"半径"为 4 cm，"高度"为 5 cm，"高度分段"为 1，"旋转分段"为 26，"方向"为 +Y，创建完成后，在层级面板将"圆柱"更名为"咖啡杯"，如图 10.9 所示。

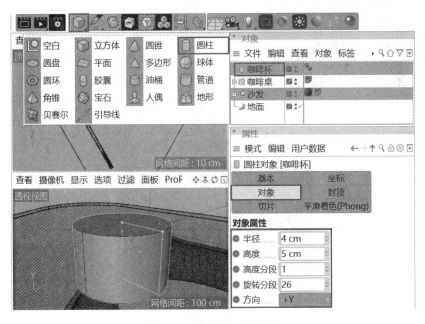

图 10.9　创建"咖啡杯"

步骤 6　选定层级面板的"咖啡杯"后，按快捷键 Ctrl + C 复制咖啡杯，再按快捷键 Ctrl + V 原位粘贴一个"咖啡杯 1"，其目的是咖啡杯圆柱体参数设置不恰当时，还可以保留圆柱体重新调整参数，点击"咖啡杯 1"后面绿色的"√"将其变为红色的"×"，隐藏克隆的"咖啡杯 1"，再点击选择"咖啡杯"，按快捷键 C 将"咖啡杯"转换为多边形，此时可以看到其图标由圆柱形改为三角形，便于将圆柱形形状编辑修改成咖啡杯的形状，如图 10.10 所示。

图 10.10　复制咖啡杯并将其转换为多边形

步骤 7　按快捷键 N～B 将咖啡杯的显示模式设置为光影着色(线条)，便于对杯子进行编辑，点击竖向工具条中的"边"图标，再在正视图空白区域点单击鼠标右键，在弹出的菜单中选择"循环/路径切割"选项(或按快捷键 K～L、M～L)，在咖啡杯底部位置切割一条循环线，移动上面线条的游标，将循环线的位置设置在 80%位置附近，也可以按住"Shift"键的同时在圆柱体上移动循环线进行卡线，如图 10.11 所示。

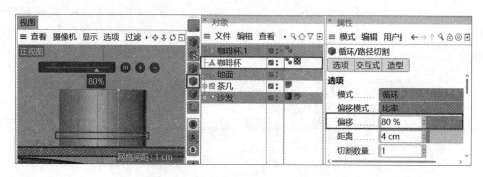

图 10.11　在杯底部创建一条循环线

步骤 8　在杯子底部按以上方法再卡出 1 条线，位置如图 10.12 所示。

图 10.12　继续在杯底卡线

步骤 9　在工具条下点击并激活框选工具，再点击竖条工具栏中的"点"图标，框选正视图杯子底部的所有点，按快捷键 T 或点击工具栏中的"缩放"图标，在视口空白区域向下拖曳鼠标，缩小底部形状，再框选倒数第 2 条线的所有点，按此方法缩小这一圈的线，形成杯底部向内收口的圆弧形状，如图 10.13 所示。

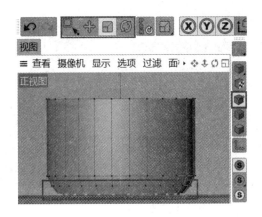

图 10.13　缩小咖啡杯的底部

注：默认选择工具是"实时选择" 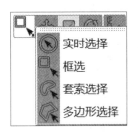，可使用快捷键"9"切换到实时选择状态，当按住该图标时，会弹出下拉面板，有 4 种选择模式可选"实时选择""框选""套索选择""多边形选择"，如图 10.14 所示。

图 10.14　选择工具选项

步骤 10　按 F1 键将当前视图切换到透视图，激活面的选择模式 ，然后按住 Alt 键，按住鼠标左键翻转到杯子底部，配合鼠标中键平移杯子，鼠标右键缩放杯子，再按快捷键 9 激活实时选择工具 ，按住鼠标左键在杯底转一圈选中杯底所有的面，使其成为橙色高亮显示状态，再按住 Ctrl + 鼠标左键向下拉，使杯底向下凸起，如图 10.15 所示。

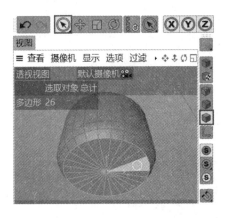

图 10.15　制作杯底凸起的形状

步骤 11　将杯子翻转朝上，激活实时选择工具选择杯子上所有的面，使用 Delete 键删除顶面，形成杯口，如图 10.16 所示。

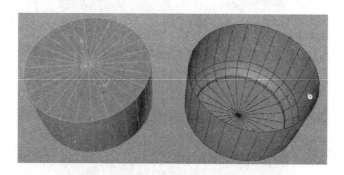

图 10.16　删除杯顶面形成杯口

步骤 12　按快捷键 K～L 激活循环路径切割，再在循环/路径切割参数面板勾选"镜像切割"，在杯子上卡出两条切割线，如图 10.17 所示。

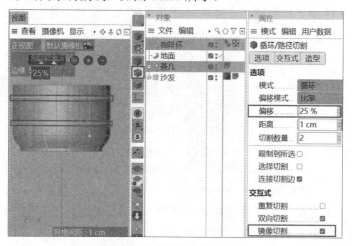

图 10.17　在杯子上卡两条线

步骤 13　按 F3 键将当前视图切换到右视图，点击 激活面选择模式，选择图 10.18(a) 所示的上下 4 个面，再点击鼠标右键在弹出的菜单中选择"内部挤压"，或按快捷键 M～W，将选中的面向内挤压，如图 10.18(b)所示。

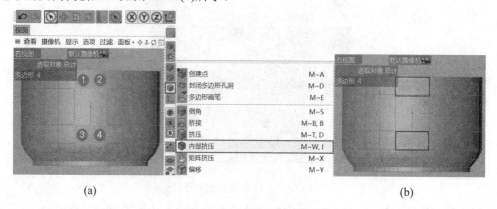

(a)　　　　　　　　　　　　　　　　　　　　(b)

图 10.18　向内挤压形成与把手相连的部分

步骤 14　在右视图激活点的框选模式，框选图 10.19 中的 4 排点，按快捷键 T 切换为缩放模式，按住图中的①点向下压，将挤压的长方形变成正方形，如图 10.19 所示。

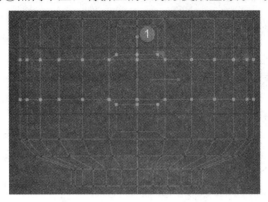

图 10.19　调整接口为正方形

步骤 15　框选杯子上端 4 排点，按 E 键激活移动工具，沿绿色箭头将点向上拉使杯身部分变长，如图 10.20 所示。

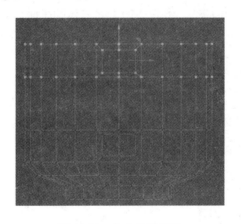

图 10.20　向上拉长杯子

步骤 16　点击工具栏下的样条画笔图标 ，按 F4 键切换到正视图，在杯子右边①点的位置按住鼠标平行向右拉出一个杠杆，再按此方法分别在②、③点的位置拉出一条半圆形的弧线，绘制完毕按 Esc 键结束，如图 10.21 所示。

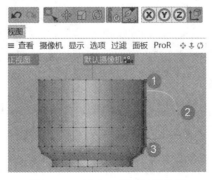

图 10.21　创建一条圆弧样条线

步骤 17　点击工具栏中的立方体图标 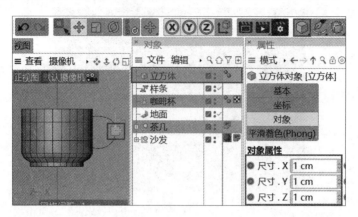，创建一个立方体，设置尺寸 X、Y、Z 三个方向的尺寸都为 1 cm，将立方体移到圆弧线中间位置，如图 10.22 所示。

图 10.22　创建立方体并调整其参数及位置

步骤 18　选择立方体，按住 Shift 键，再按住工具栏的扭曲图标 ，直至弹出下拉面板，点击该面板中的"样条约束"，将其添加为立方体的子级，在层级面板选择"样条"，将其拖曳到下面"样条约束"对象属性的"样条"选框内，如图 10.23 所示。

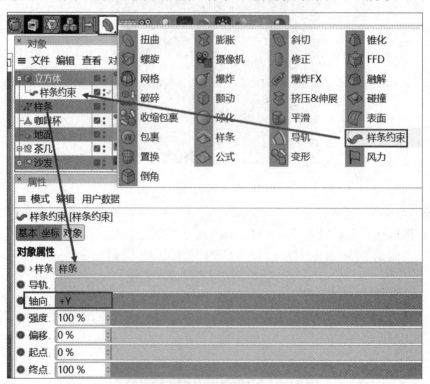

图 10.23　设置立方体的样条约束

注：工具栏中紫色图标工具都需要按住 Shift 键执行命令，该命令会添加到被选择物体的子级。

步骤 19　由于创建的立方体 Y 轴分段数默认为 1，所以样条约束没有发生变化，选择层级面板的立方体，修改立方体对象属性参数"尺寸.X"为 0.9 cm，"分段.Y"为 10，"尺寸.Z"为 1 cm，"分段.Z"为 2，使把手形状尽量与杯子相连部分对齐，如图 10.24 所示。

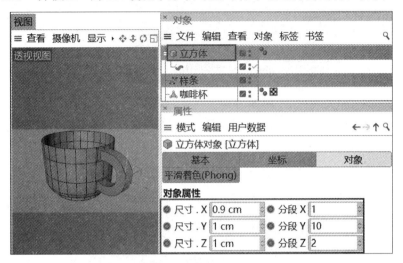

图 10.24　修改杯子把手的形状

步骤 20　按住 Ctrl 键再分别点击鼠标选择立方体和样条约束，同时选择 2 个物体，点击鼠标右键在弹出的菜单中选择"连接对象+删除"，将立方体转换为多边形，如图 10.25 所示。

图 10.25　将立方体和样条约束连接成为一个整体

步骤 21　分别删除圆柱体与把手相连的面，再同时选择杯子和把手两个物体，执行"连接对象 + 删除"命令将其合并为一个整体，如图 10.26 所示。

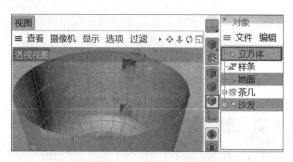

图 10.26　删除相连部分的面并合并为一个整体

步骤 22　按数字键 9 激活实时选择工具，按 Shift 键同时选择需要连接的 2 个点，按 M～Q 键激活"焊接"工具，在两个点间生成了一条白色的线，点击杯子上的选择点，将焊接点缝合到杯体上，再按空格键取消焊接命令，依此方法，将把手与杯体相连的点都焊接完整，如图 10.27 所示。

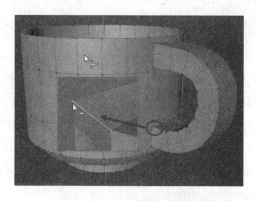

图 10.27　焊接杯子与把手相连的点

步骤 23　选择立方体后，按住 Alt 键单击工具栏中的细分曲面图标 ，在层级面板立方体上添加"细分曲面"的父级，观察把手与杯子相连的部分生成了圆滑的过渡，如果有的部分不圆滑或断开，可能有的点没有焊接成功，如图 10.28 所示。

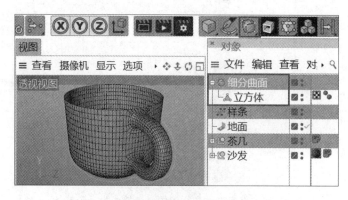

图 10.28　为立方体执行细分曲面命令

注：工具栏中绿色图标工具都需要按住 Alt 键执行命令，该命令会添加到被选择物体的父级上。

步骤 24　此时观察杯口只有一个单面，过于单薄没有杯体的厚度，激活 ◉ 边选择模式，在菜单栏下点击"选择"→"循环选择"(快捷键 U~L)，在右下侧循环选择面板中勾选"选择边界循环"选项，在透视视图场景中单击杯口的任一条线段即可选中杯口上循环边，如图 10.29 所示。

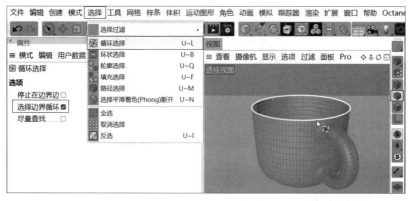

图 10.29　选择杯口循环边

步骤 25　按住 Ctrl 键，同时在视口空白区域向下压坐标轴中的数据到 95%，将杯口厚度向内挤形成杯口厚度，如图 10.30 所示。

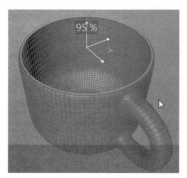

图 10.30　向内挤出杯口厚度

步骤 26　按快捷键 E 激活移动工具，同时按住 Ctrl 键向下挤，松开键盘鼠标后，按 F4 切换到正视图，继续将橙色线条向下拖曳到杯底，由于杯底是收口内凹的，所以注意橙色线不要穿过杯底，如图 10.31 所示。

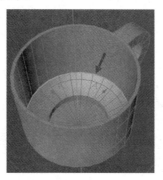

图 10.31　向下拉出杯子内壁

步骤 27　再点击快捷键 E 激活缩放工具，将橙色线向内收缩成一个小圈，如图 10.32 所示。

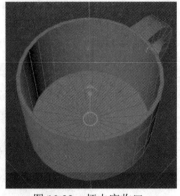

图 10.32　杯内底收口

步骤 28　按住 Ctrl 键单击点图标 ，橙色线会变成橙色点的模式，在视口中单击鼠标右键，在弹出的菜单中选择"焊接"，然后在杯底中心点位置点一下，将杯内底封口，如图 10.33 所示。

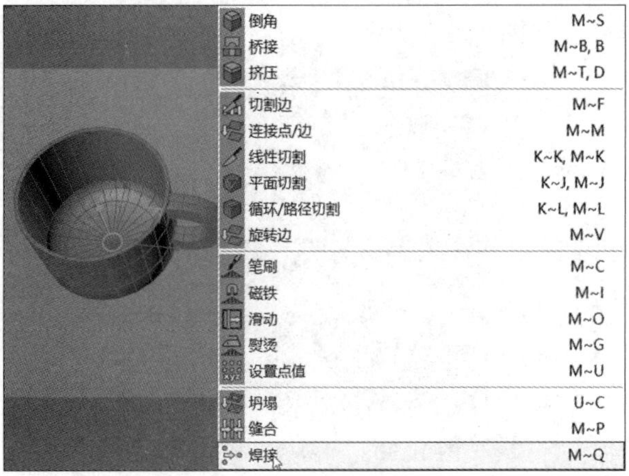

图 10.33　杯内底封口

步骤 29　使用移动和缩放工具挤压出杯底的形状，再使用循环/切割工具在图 10.34 所示的 3 个位置卡线，为了细分后使杯底圆滑，如图 10.34 所示。

图 10.34　在杯底处卡线

步骤 30　翻转到杯口位置继续卡 1 条线,杯内底部卡 2 条线,如图 10.35 所示。

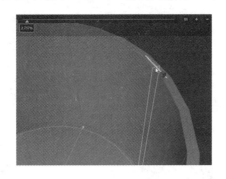

图 10.35　在杯口处卡线

步骤 31　激活移动工具用鼠标双击选择杯口边缘中间的循环线,将该线条向上拉伸一段距离,如图 10.36 所示。

图 10.36　杯口线条拉伸

步骤 32　将立方体更名为"咖啡杯",勾选细分选项,设置"编辑器细分"为 2,"渲染器细分"为 2,再将"地面""沙发""咖啡桌"取消隐藏,调整杯子的角度及位置,观察布线方式是否合理,最后效果如图 10.37 所示。

图 10.37　设置杯子细分形状

步骤 33　点击 OC 渲染器窗口中的"对象"菜单,在其下拉菜单中选择"Hdri 环境"创建 Octane 天空,按住 Shift + F8 键打开"内容浏览器",搜索"HDR 预设"选择"真实室内模拟.hdr",将其拖到 Octane 环境标签面板着色器文件中,设置"类型"为"浮点",

如图 10.38 所示。

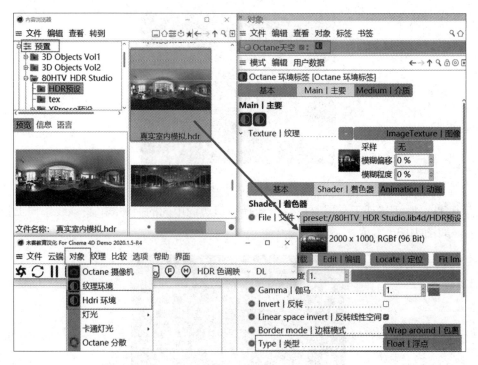

图 10.38　创建"Hdri 环境"

步骤 34 在 OC 渲染器窗口单击设置图标 ，在弹出的 Octane 设置窗口中的"核心"面板将"直接照明"改为"路径追踪","最大采样设置"为 2000,"全局光照修剪"设置为 1,如图 10.39 所示。

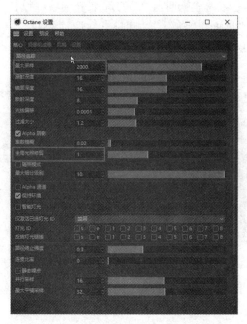

图 10.39　添加 Octane 光泽材质球

步骤 35 点击"摄像机成像"选项卡,设置"曝光""伽马"和"暗角",如图 10.40 所示。

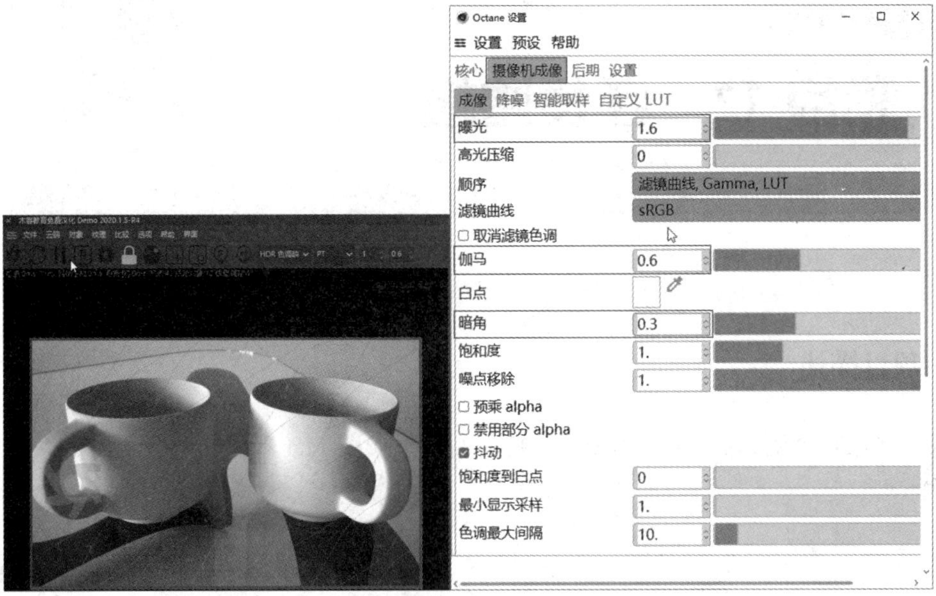

图 10.40 调整"摄像机成像"参数

步骤 36 点击 OC 渲染器窗口的"⚙ 设置"工具,打开 Octane 设置对话框,设置路径追踪的"最大采样"为 500,"漫射深度"为 16,"镜面深度"为 16,"散射深度"为 8, "全局光照修剪"为 1,点击"摄像机成像"选项卡中的"成像",设置滤镜曲线为 DSCS315_2, 点击"摄像机成像"选项卡的"降噪",勾选"开启降噪",点击"后期"选项卡,勾选"启用",设置"辉光强度"为 20,点击工具栏中的"🔧 编辑渲染设置",在渲染设置窗口选择 Octane Renderer 渲染器,设置"输出"为 1280 像素 × 720 像素,选择"保存"选项,设置保存的"格式"为 JPG,选择"Octane Renderer"选项,设置"图像颜色配置文件"为 sRGB,色调映射类型为色调映射,点击工具栏中的"▶ 渲染到图片查看器工具",在图片查看器窗口预览渲染效果图,点击"💾 将图像另存为"图标,将渲染的最终效果图保存到指定位置,保存 C4D 工程项目并进行文件打包,点击菜单栏"文件"→"保存工程(包含资源)"选项,进行文件保存、命名及打包。

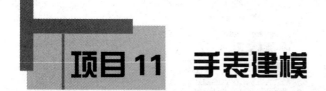

项目 11 手表建模

微课

项目描述

利用 C4D 的相关命令制作手表三维模型，效果如图 11.1 所示。

图 11.1 手表效果图

具体要求如下：

(1) 创建手表，表盘、表带、分针和秒针等要求制作精细。

(2) 可根据场景在手表周围添加其他相应物品。

(3) 设置材质并赋给物体。

(4) 渲染输出 JPG 图像，输出大小为 1280 像素 × 720 像素，并保存 C4D 工程项目打包文件。

核心知识点

C4D 工具栏中"克隆对象"工具图标如图 11.2 所示。

图 11.2 "克隆对象"工具图标

"克隆对象"的"对象"属性面板如图 11.3 所示。

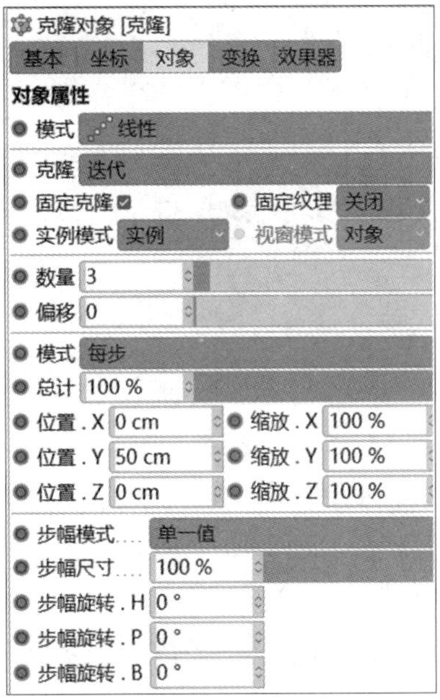

图 11.3　"克隆对象"属性面板

图 11.3 中的"模式"可设置"对象""线性""放射""网格排列""蜂窝阵列"5 种模式，如图 11.4 所示。

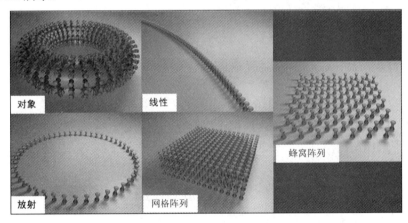

图 11.4　"克隆对象"的模式

项目实施

步骤 1　打开 C4D，检查自定义工具栏，将 OC 渲染区拖曳到视图左侧，调整布局。

步骤 2　创建手表的表盘，在工具栏中按住立方体图标，在其下拉面板中选择"圆柱"，将视图切换为透视图的单视图，设置圆柱体对象属性："半径"为 280 cm，"高度"为 30 cm，"高度分段"为 1，"旋转分段"为 16，"方向"为+Y，按 N～B 快捷键将圆柱体以光影着色(线条)模式显示，如图 11.5 所示。

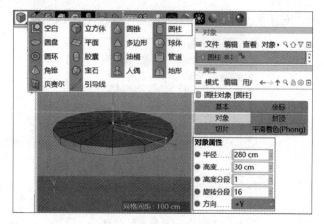

图 11.5　创建"圆柱"

步骤 3　按快捷键 C 将圆柱体转换成多边形对象，双击层级面板的"圆柱"文字，将其重命名为"表盘"，点击工具栏的"面"图标，按快捷键 9 激活实时选择工具，按住鼠标选择表盘上所有的面，如图 11.6 所示。

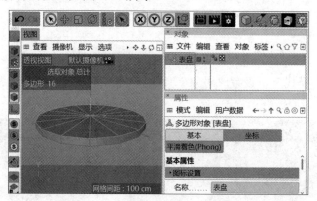

图 11.6　选择表盘上方所有的面

步骤 4　在顶部工具栏选择"内部挤压"命令，按快捷键 T 激活缩放工具，在透视图空白区域用鼠标左键向下拉，使表盘表面向内收缩一段距离，在"内部挤压"面板设置"偏移"为 20 cm，如图 11.7 所示。

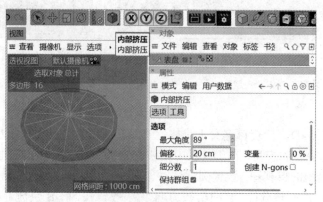

图 11.7　表盘表面向内挤压

步骤5 按快捷键 E 激活移动工具，再按住 Ctrl 键沿绿色 Y 轴箭头向下压一段距离，注意不要穿过表盘底部，按快捷键 T 激活缩放工具 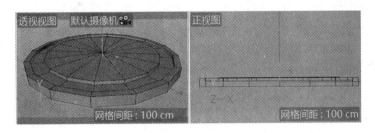，向内收缩一段距离，再激活移动工具，按住 Ctrl + 鼠标左键向上拉出一定高度，此高度不能超过表盘圆柱的高度线，如图 11.8 所示。

图 11.8 继续制作表盘的形状结构

步骤6 点击工具栏边图标 激活边选择模式，分别在图 11.9 中的 5 个边位置双击，注意要同时按住 Shift 键多选。

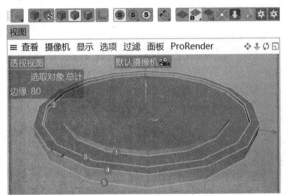

图 11.9 选择表盘的 5 条边

步骤7 选定 5 条边后，按快捷键 M～S 执行"倒角"命令，在右侧"倒角"参数面板设置"偏移"为 2 cm，"细分"为 1，在表盘内选定循环线上生成 2 条线，使表盘边角圆滑，如图 11.10 所示。

图 11.10 设置倒角命令及参数使表盘边缘圆滑

步骤8 鼠标双击表盘里面的一条线段选中其循环边，执行倒角命令，将倒角偏移值设置为 4，使表盘内部边缘倒角比其他的倒角大一些，这样细分后更圆滑些，如图 11.11 所示。

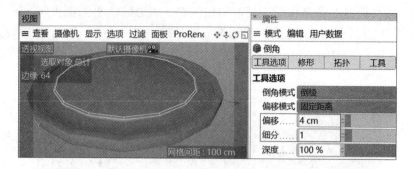

图 11.11　设置表盘内边循环线倒角

步骤 9　按住 Alt 键且用鼠标点击"细分曲面"命令添加表盘圆柱的父级，增加表盘细分曲面对象，在右侧细分曲面"对象"选项卡中，设置"编辑器细分"为 2，"渲染器细分"也为 2，使表盘内部表面圆滑，如图 11.12 所示。

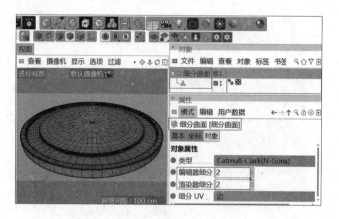

图 11.12　细分表盘使其圆滑

步骤 10　制作表针转轴，在工具栏立方体下拉面板中选择"圆柱"，将其重命名为"表轴"，在场景中创建一个圆柱，设置其"半径"为 5 cm，"高度"为 8 cm，"高度分段"为 5，"旋转分段"为 16，"方向"为+Y，如图 11.13 所示。

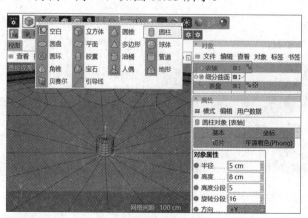

图 11.13　创建圆柱形表轴

步骤 11　制作表针，点击工具栏的立方体图标，在表轴上分别创建三个立方体，将其分别命名为"时针""分针""秒针"。其中时针的尺寸 X 为 170 cm，尺寸 Y 为 1 cm，尺寸 Z 为 5 cm；分针的尺寸 X 为 2.5 cm，尺寸 Y 为 1 cm，尺寸 Z 为 200 cm；秒针的尺寸 X 为 1.5 cm，尺寸 Y 为 1 cm，尺寸 Z 为 220 cm，再使用移动工具调整三根表针的位置，如图 11.14 所示。

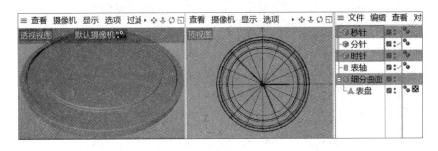

图 11.14　制作表针

步骤 12　在场景中创建一个立方体，设置其尺寸 X 为 6 cm，尺寸 Y 为 10 cm，尺寸 Z 为 40 cm，按住 Alt 键再点击工具栏中的克隆 🔲 图标，为立方体添加"克隆"父级，在对象属性面板中设置"模式"为"放射"，"数量"为 12，"半径"为 235 cm，在表盘外围创建 12 个小时刻度，如图 11.15 所示。

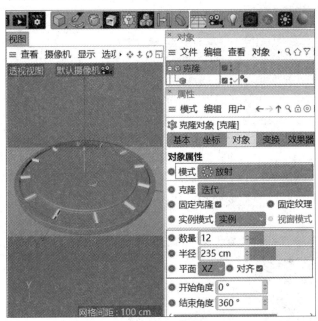

图 11.15　创建小时刻度

步骤 13　将克隆下的"立方体"重命名为"时刻度"，再选择层级面板"克隆"对象，按 Ctrl + C 键复制"时刻度"的 12 个刻度模型，再按 Ctrl + V 键原位粘贴生成"克隆 1"对象，设置其对象属性"数量"为 60，"半径"为 240 cm，在表盘外围创建 60 根分刻度，并设置"分刻度"的"尺寸.X"为 4 cm，"尺寸.Y"为 10 cm，"尺寸.Z"为 20 cm，如图

11.16 所示。

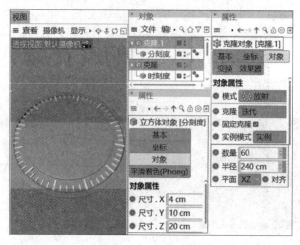

图 11.16 克隆分刻度

步骤 14 分别勾选并设置"表轴""秒针""分针""时针""时刻度""分刻度"的"圆角"选项，使相应物体模型变圆滑，如图 11.17 所示。

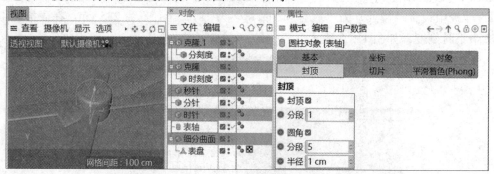

图 11.17 设置模型的圆角

步骤 15 在场景中创建一个圆柱体，将其移动到表盘右侧位置，在圆柱对象属性设置"半径"为 10 cm，"高度"为 15 cm，"高度分段"为 1，"旋转分段"为 16，"方向"为+X，并勾选"圆角"复选框，使圆柱变圆滑，如图 11.18 所示。

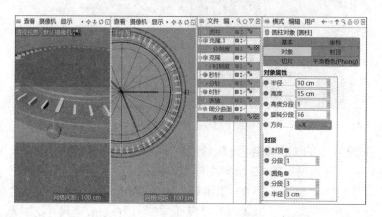

图 11.18 创建圆柱体作为表的发条轴

步骤 16　在工具栏中按住"样条画笔" 工具图标，在其下拉面板中选择并点击齿轮选项，在视图中创建一个齿轮线条，在对象属性面板设置"平面"为 ZY，将齿轮方向转到与发条轴垂直的方向，并设置"齿"的参数，如图 11.19 所示。

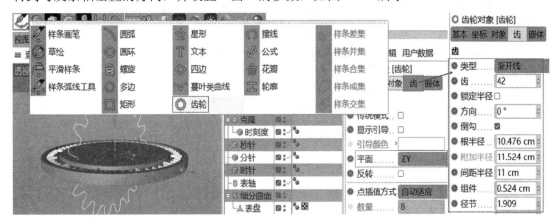

图 11.19　创建"齿轮"

步骤 17　在工具栏下选择"挤压"工具 ，按住 Alt + 鼠标左键给齿轮添加挤压父级命令，在"挤出对象"属性面板中设置 X 方向移动 10 cm，Y、Z 方向移动为 0 cm，封盖参数倒角尺寸为 0.2 cm，使齿轮边缘圆滑，调整齿轮的大小和位置并与发条轴匹配，如图 11.20 所示。

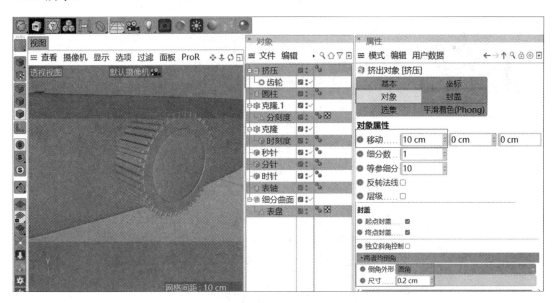

图 11.20　挤压齿轮形状并调整齿轮的位置和大小

步骤 18　点击工具栏下的立方体工具 ，将其移动到表盘旁边命名为"表带"，在其属性面板调整表带的尺寸与表盘匹配，设置"分段 Z"为 20，便于将表带沿表带方向弯曲，如图 11.21 所示。

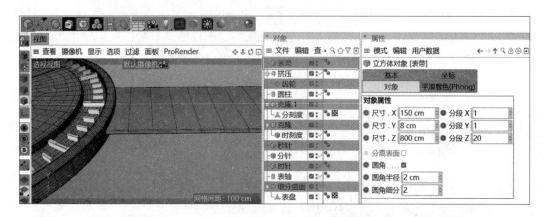

图 11.21　创建表带

步骤 19　按住 Shift 键，再点击工具栏中的扭曲工具 ，为表带添加扭曲命令的子级，在设置扭曲强度之前，先调整紫色扭曲框线，使表带可以在合理的方向发生弯曲，再调整扭曲框的尺寸，鼠标单击"匹配到父级"使紫色框线与表带形状匹配，设置扭曲强度为 20°，如图 11.22 所示。

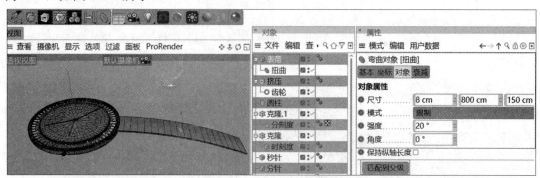

图 11.22　给表带添加扭曲命令子级

步骤 20　框选"表带"和"扭曲"，按 Ctrl + C 复制表带，再按 Ctrl + V 粘贴生成"表带 1"，将其移至表盘另一端，激活旋转工具，按住 Shift 键旋转表带 180°，如图 11.23 所示。

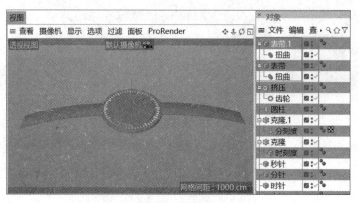

图 11.23　复制表带

步骤 21　在层级面板框选表带和表带 1，按 Alt + G 键将两根表带组合，并命名为"表带"，按住 Alt 键且用鼠标点击工具栏中的"细分曲面" ![icon]，使表带表面细分，如图 11.24 所示。

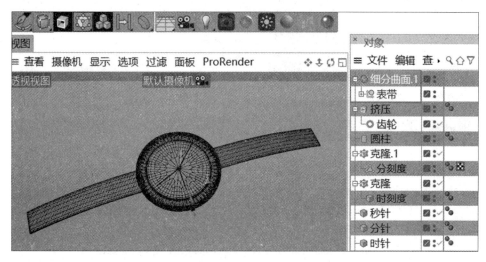

图 11.24　表带添加细分曲面父级命令

步骤 22 框选层级面板所有选项，按 Alt + G 键组合，命名为"手表"，如图 11.25 所示。

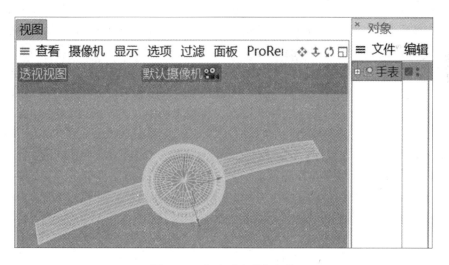

图 11.25　组合手表所有组件

步骤 23 点击 OC 渲染器窗口下的"对象"菜单，在其下拉菜单中选择 "Hdri 环境"创建 Octane 天空，按住 Shift + F8 键打开"内容浏览器"，搜索"HDR 预设"选择"真实室内模拟.hdr"，将其拖到 Octane 环境标签面板着色器文件中，设置"类型"为"浮点"，如图 11.26 所示。

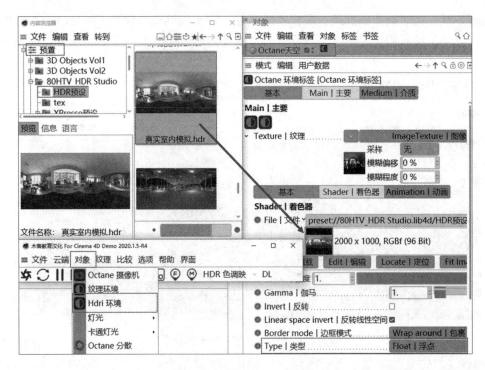

图 11.26　创建"Hdri 环境"

步骤 24　点击 OC 渲染器窗口下的"⚙ 设置"工具，打开 Octane 设置对话框，设置路径追踪的"最大采样"为 500，"漫射深度"为 16，"镜面深度"为 16，"散射深度"为 8，"全局光照修剪"为 1，点击"摄像机成像"选项卡中的"成像"，设置"滤镜曲线"为 DSCS315_2，点击"摄像机成像"选项卡中的"降噪"，勾选"开启降噪"，点击"后期"选项卡，勾选"启用"，设置"辉光强度"为 20，点击工具栏中的"⚙ 编辑渲染设置"，在渲染设置窗口选择 Octane Renderer 渲染器，设置"输出"为 1280 像素 × 720 像素，选择"保存"选项，设置保存的"格式"为 JPG，选择"Octane Renderer"选项，设置"图像颜色配置文件"为 sRGB，色调映射类型为色调映射，点击工具栏中的"▶ 渲染到图片查看器工具"，在图片查看器窗口预览渲染效果图，点击"🖼 将图像另存为"图标，将渲染的最终效果图保存到指定位置，保存 C4D 工程项目并进行文件打包，点击菜单栏"文件"→"保存工程(包含资源)"选项，进行文件保存命名及打包。

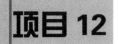

微课

项目描述

利用 C4D 相关命令制作签字笔三维模型，效果如图 12.1 所示。

图 12.1 签字笔效果图

具体要求如下：

(1) 创建一支签字笔模型，形状比例要求与效果图一致。

(2) 按场景摆放相应物品，如书、铁架收纳盒。

(3) 设置材质并赋给物体。

(4) 渲染输出 JPG 图像，输出大小为 1280 像素×720 像素，并保存 C4D 工程项目打包文件。

核心知识点

点、边、多边形的组件模式可用于对多边形对象执行初始修改，在主菜单的网格菜单中可以找到相应的工具，组件模式工具如图 12.2 所示。

图 12.2 对象组件的点、边、多边形工具

■ 点模式：激活此项可编辑对象的点，所有后续操作如旋转和缩放都会影响点，选择工具后，对象的所有点都将由小正方形表示，所选点以彩色加亮显示，可以使用选择工具或通过逐个单击点来选择点。例如，要在所选内容上添加点，可按住 Shift 键并单击这些点；要从所选内容中删除点，可再次按住 Shift 键并单击这些点；要选择所有点，可选择"选择/全选"；使用"选择/取消全选"可取消选择所有点；要移动点，可将其拖动到新位置；要删除所选点，可选择"编辑/删除"或按 Delete 键或退格键。

■ 边模式：激活此项可编辑对象的边，其与选择和编辑点的方式大致相同。要选择边，使用"实时选择"工具在边缘上拖动，就像选择点一样；要从选区添加边，可在选择时按住 Shift 键；要从所选内容中删除边，也可在选择时按住 Ctrl 键；要选择所有边，可选择"选择"/"全选"；要取消选择所有边，可选择"选择"/"取消全选"，或将选择工具拖到视口内的空白区域上；可以使用"移动""缩放"和"旋转"工具编辑所选边，要删除所选边(包括其多边形)，可按 Delete 键。

■ 多边形：激活此项可编辑对象的多边形。CINEMA 4D 适用于三种类型的多边形：三角形(三个角点)、四边形(四个角点)和 N-gon(超过四个角点)。面的编辑方式与点和边大致相同，通过单击多边形来选择该多边形。

项目实施

步骤 1   打开 C4D，检查自定义工具栏，将 OC 渲染区拖曳到视图左侧，调整布局。

步骤 2   按 Shift + F8 键打开"内容浏览器"窗口，搜索"Magazine"杂志，将搜索结果中的 Magazine 22 cm × 29.8 cm 拖曳到右侧的层级面板，如图 12.3 所示。

图 12.3   在场景中放置一本杂志

步骤 3   点击工具栏中的立方体图标 ■，在其下拉面板中选择圆柱 ■，在透视图中创建一个圆柱体，以杂志的尺寸和位置为参考，在圆柱的对象属性面板，设置"半径"为 0.8 cm，"高度"为 15 cm，"高度分段"为 4，"旋转分段"为 16，"方向"为 +Z 轴，按快捷键 E 移动工具，将笔移动到书的合页位置，如图 12.4 所示。

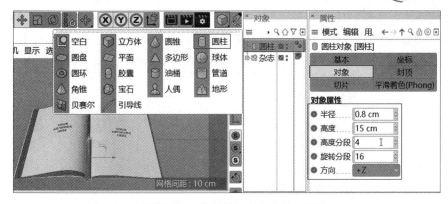

图 12.4　创建圆柱并将其放置在杂志的合页当中

步骤 4　为了方便修改圆柱的形状，需要隐藏杂志，在层级面板将杂志后的上面圆点切换到红色 ，再按快捷键 N～B 将圆柱显示状态切换到光影着色(线条)模式，并激活"线框"模式，此时可以看到圆柱体的光滑表面带有黑色线框，如图 12.5 所示。

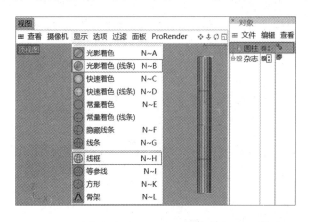

图 12.5　隐藏杂志并设置光影着色(线条)显示模式

步骤 5　为了编辑圆柱体为笔的形状，需要将其转换为可编辑的多边形对象，按快捷键 C 将圆柱体转换为多边形，其图标由 转换为 图标，如图 12.6 所示。

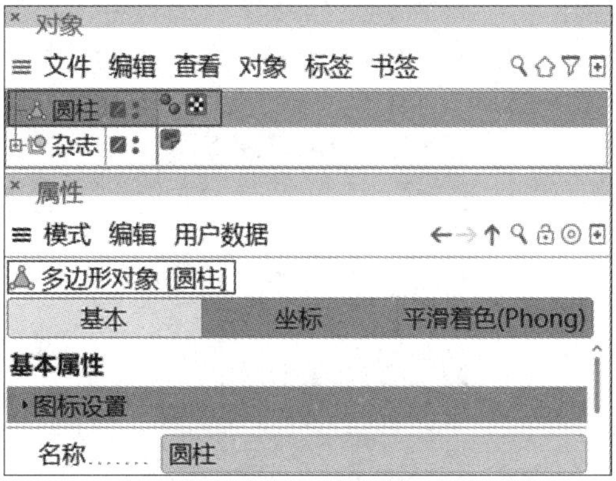

图 12.6　将圆柱体转换为可编辑多边形

步骤 6   在竖条工具栏中点击"边" ![边图标] 图标，激活边选择模式，先点击圆柱体中间分段线的任一条线段，再按住 Shift 键双击相邻线段选择中间全部的分段线，使其呈现橙色的高亮显示状态，点击鼠标右键在弹出的菜单中选择"倒角"，如图 12.7 所示。

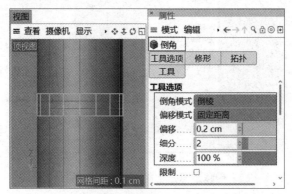

图 12.7   选择圆柱体中间分段线

步骤 7   按住鼠标左键在圆柱体中间分段线向下拉开一段距离，使一条线变成两条线后松开左键，在倒角面板设置"偏移"为 0.2 cm，"细分"为 2，将中线分隔成 4 段，如图 12.8 所示。

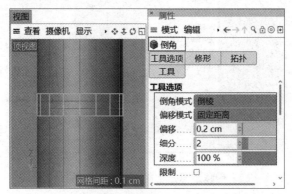

图 12.8   将圆柱体中线分成 4 段

步骤 8   按快捷键 9 激活实时选择模式 ![实时选择图标] ，再点击工具条的"面"图标 ![面图标] 激活面的选择模式，在圆柱体中间部位按住鼠标左键选择中间所有的面，选择背面时按 Alt + 鼠标左键旋转到后面进行选择，如果选择了其他区域，则可以按住 Ctrl 键取消选区，如图 12.9 所示。

图 12.9   选择圆柱体中间所有的面

步骤 9　点击鼠标右键，在弹出的菜单中选择"挤压"，再在空白区域拖曳鼠标使圆柱体中间选区向内偏移−0.05 cm 的距离，制作笔中间的分隔部分，如图 12.10 所示。

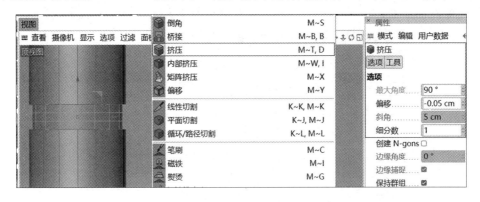

图 12.10　向内挤压笔中段分隔区域

步骤 10　按 F4 键将当前视图切换到顶视图，选择圆柱体上的第二条线段，按快捷键 E 选择移动工具将线条向上移到顶部区域，再按快捷键 M～S 执行"倒角"命令，将圆柱体上第二条线段分成 2 条，如图 12.11 所示。

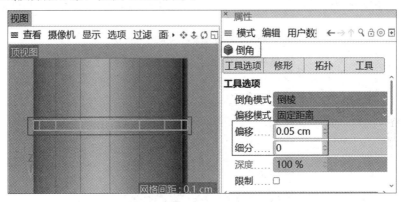

图 12.11　将圆柱体第二条线分成 2 条

步骤 11　选择圆柱体顶部所有的面向内挤压偏移−0.1 cm，圆柱体底部也按同样步骤形成笔头凸起部分，至此笔身部分制作完成，如图 12.12 所示。

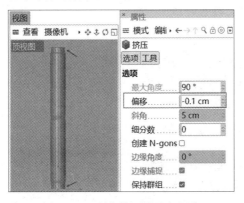

图 12.12　制作笔两端凸起部分

步骤 12   创建一个立方体作为笔夹部分,在立方体对象属性面板设置"尺寸.X"为 1 cm,"分段.X"为 2,"尺寸.Y"为 0.1 cm,"分段.Y"为 1,"尺寸.Z"为 1 cm,"分段.Z"为 2,并将该立方体更名为"笔夹",并将位置调整到笔头部分,如图 12.13 所示。

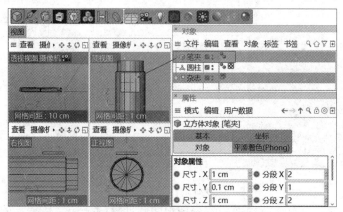

图 12.13   创建立方体作为笔夹

步骤 13   按 C 键将立方体转换为多边形,点击工具栏中的面图标 ▣ 激活面的选择模式,选择立方体与笔头相对的两个面,按住 Ctrl 键向笔头方向拉伸与笔头相连,如图 12.14 所示。

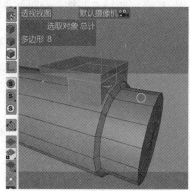

图 12.14   制作笔夹与笔头相连的部分

步骤 14   激活边选择模式 ▣,选择笔夹下方的竖线,点击鼠标右键选择弹出菜单中的倒角,将竖线分成 2 段向外拉,形成一个三角形,如图 12.15 所示。

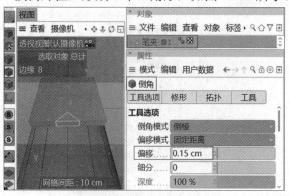

图 12.15   将笔夹线条分段

步骤 15　激活面选择模式 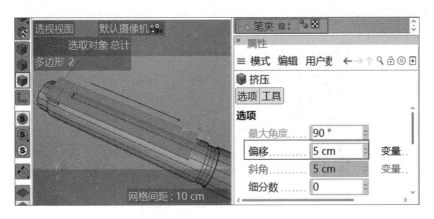，选择笔夹底部两侧的面，挤压偏移 5 cm，如图 12.16 所示。

图 12.16　拉伸笔夹空心部分

步骤 16　沿着笔夹方向继续挤压偏移 0.5 cm，将笔夹底部的面再向笔中间位置拉伸到接近笔上部分的底部位置，如图 12.17 所示。

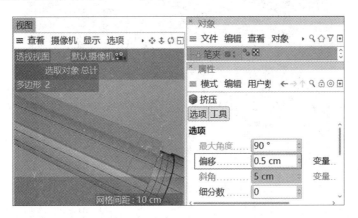

图 12.17　继续挤出笔夹部分

步骤 17　选择笔夹底部中间侧面的面，按住 Ctrl 键向内拉到笔夹中间位置，如图 12.18 所示。

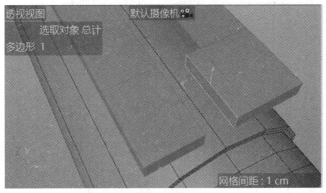

图 12.18　拉伸笔夹底部中间面

步骤 18　删除笔夹底部相对的两个面，激活顶点模式 ，选择对应的 2 个顶点，按快捷键 M～Q 执行焊接命令，2 个顶点之间会产生一条连接线，将图中右侧顶点拖曳到左侧顶点，完成焊接，如图 12.19 所示。

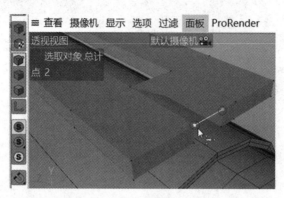

图 12.19　焊接顶点

步骤 19　继续步骤 18 将其余几个点焊接到一起，如图 12.20 所示。

图 12.20　将笔夹底部焊接成为一个整体

步骤 20　选择笔夹底部上的三个面，按住 Ctrl 键向上拉出一段距离，形成凸起的部分，如图 12.21 所示。

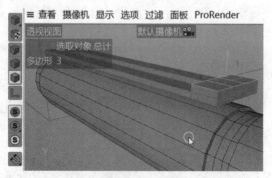

图 12.21　制作笔夹底部凸起的部分

步骤 21　激活模型选择模式 ，选择笔夹模型，在工具栏中找到"扭曲"图标 ，按住 Shift 键在"扭曲"下拉面板中单击"倒角" ，倒角命令会出现在右侧层级面板的"立方体"下一级，设置倒角变形器选项"偏移"为 0.05 cm，"细分"为 1，笔夹制作完成，如图 12.22 所示。

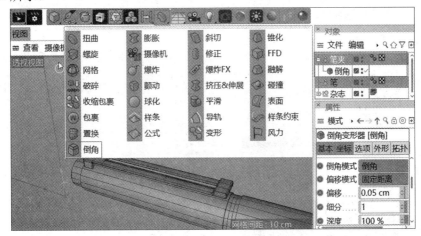

图 12.22　制作笔夹倒角使其边缘圆滑

步骤 22　在右侧层级面板选择笔和笔夹，按 Alt + G 键将两个物体合并，将其使名为"签字笔"，并将杂志切换为显示模式，如图 12.23 所示。

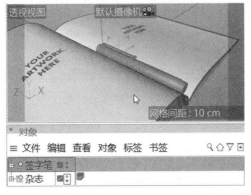

图 12.23　合并笔和笔夹

步骤 23　点击工具栏中的 L-Object 图标 ，在书底部创建一个 L 形地面，如图 12.24 所示。

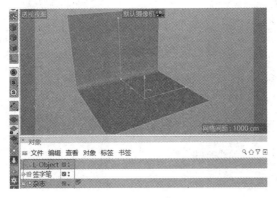

图 12.24　创建地面

步骤 24   点击 OC 渲染器窗口下的"对象"菜单，在其下拉菜单中选择 "Hdri 环境"创建 Octane 天空，按住 Shift + F8 键打开"内容浏览器"，搜索"HDR 预设"选择"真实室内模拟.hdr"，将其拖到 Octane 环境标签面板着色器文件中，设置"类型"为"浮点"，如图 12.25 所示。

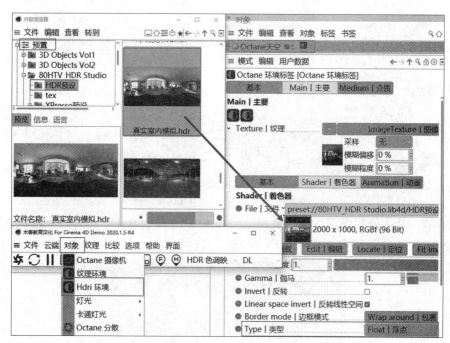

图 12.25   创建 Hdri 环境

步骤 25   在 OC 渲染器中点击"纹理"→"Octane 光泽材质"，在材质编辑器中新增一个 Octane 光泽材质球，如图 12.26 所示。

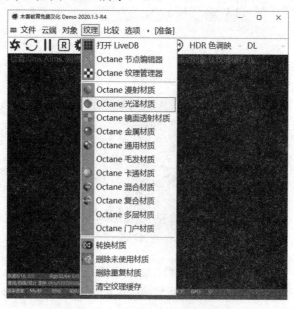

图 12.26   添加 Octane 光泽材质球

步骤 26 点击材质编辑器中的 Octane 光泽材质球，在右侧属性面板选择"Diffuse 漫射"，在"Color 颜色"中设置"颜色"为蓝色，将该材质拖曳到笔身上，再用相同的方法创建 Octane 金属材质球，如图 12.27 所示。

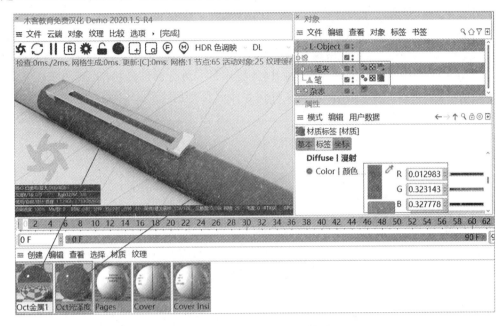

图 12.27 设置签字笔的材质

步骤 27 在内容浏览器中找到"Wood"木纹材质，在右侧选择一个木纹材质球拖曳到底部材质编辑区，将该材质球拖曳到 L-Object 地面上，如图 12.28 所示。

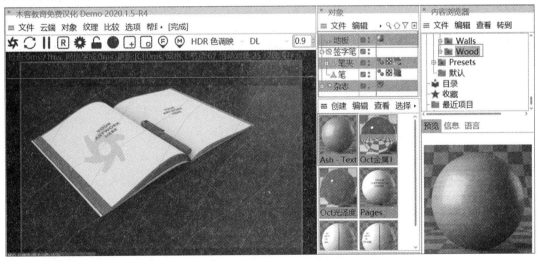

图 12.28 给地面赋木纹材质

步骤 28 点击 OC 渲染器窗口中的"⚙ 设置"工具，打开 Octane 设置对话框，设置路径追踪的"最大采样值"为 500，"漫射深度"为 16，"镜面深度"为 16，"散射深度"为 8，"全局光照修剪"为 1，点击"摄像机成像"选项卡中的"成像"，设置"滤镜曲线"

为 DSCS315_2，点击"摄像机成像"选项卡的"降噪"，勾选"开启降噪"，点击"后期"选项卡，勾选"启用"，设置"辉光强度"为 20，点击工具栏中的"⚙ 编辑渲染设置"，在渲染设置窗口选择 Octane Renderer 渲染器，设置"输出"为 1280 像素 × 720 像素，选择"保存"选项，设置"保存的格式"为 JPG，选择"Octane Renderer"选项，设置"图像颜色配置文件"为 sRGB，色调映射类型为色调映射，点击工具栏中的"▶ 渲染到图片查看器工具"，在图片查看器窗口预览渲染效果图，点击"▦ 将图像另存为"图标，将渲染的最终效果图保存到指定位置，保存 C4D 工程项目并进行文件打包，点击菜单栏"文件"→"保存工程(包含资源)"选项，进行文件保存命名及打包。

项目 13 桌布布料动力学模拟建模

微课

项目描述

利用 C4D 布料模拟动力学创建桌布布料模拟效果，如图 13.1 所示。

图 13.1 桌布布料模拟效果

具体要求如下：

(1) 在场景中创建一个六边形桌腿的圆桌。

(2) 创建桌布自然下垂，布料柔软顺滑，符合自然规律。

(3) 桌布摆放蛋糕盒、红酒、盘子等物品。

(4) 给物体赋相应的材质。

(5) 渲染输出 JPG 图像，输出大小为 1280 像素 × 720 像素，并保存 C4D 工程项目打包文件。

核心知识点

给平面类物体添加布料模拟时，在平面对象点击鼠标右键，在弹出的菜单中选择"模拟标签"→"布料"，在平面对象上添加 🖐 "布料标签"，在其属性面板可设置"基本""标签""影响""修整""缓存""高级"等六个参数。

"标签"参数的面板如图 13.2 所示。其中：

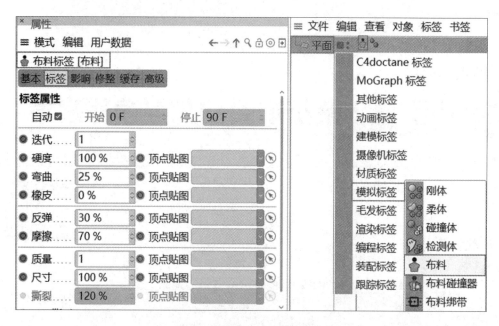

图 13.2　布料标签参数的面板

- "自动"：默认开启，取消勾选时可设置布料模拟计算的起止时间。
- "迭代"：迭代值默认为 1，迭代值从 1 到 100，迭代值越大，布料越硬。迭代值越高计算越慢，当迭代值过高时开始模拟后就会出现软件无响应或直接死机的状况，如图 13.3 所示，左侧迭代为 1，右侧为 100，迭代数值越大布料越硬。

图 13.3　迭代值变化对应布料状态

- "硬度"：硬度从 0%到 100%，硬度数值越大，布料越硬。虽然，肉眼看上去迭代数值影响的是硬度，但实际是布料的舒展程度，合适的数值可以避免布料穿插碰撞造成的闪烁及抖动。如图 13.4 所示，左侧硬度为 100%，右侧为 0%，硬度数值越大，布料越硬。

图 13.4　硬度值变化对应布料状态

- "弯曲"：弯曲值从 25% 到 100%，如图 13.5 所示，左侧弯曲为 25%，右侧为 100%，弯曲数值越大，布料越硬。

图 13.5　弯曲值变化对应布料状态

- "橡皮"：橡皮数值从 0% 到 100%，如图 13.6 所示，左侧橡皮数值为 0%，右侧为 100%，橡皮数值越大，布料弹性越大，可拉伸程度也越大。

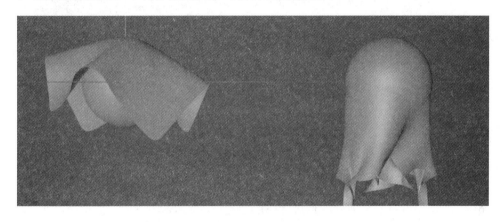

图 13.6　橡皮数值变化对应布料状态

- "反弹"：反弹值越大，发生碰撞时反弹越高，反弹数值从 30% 到 5000%。如图 13.7 所示，左侧反弹数据为 30%，右侧为 5000%，反弹数值越大，发生碰撞时弹开的力度越大。

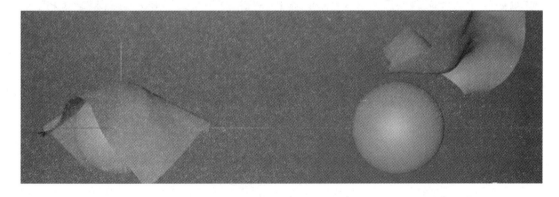

图 13.7　反弹数值变化对应布料状态

- "摩擦"：摩擦数值从 0% 到 70%，如图 13.8 所示，左侧摩擦数值为 70%，右侧为 0%，摩擦力越小，布料滑下越快。

图 13.8   摩擦数值变化对应布料状态

- "质量"：质量越大，布料下落越快。
- "尺寸"：做角色衣服时利用顶点贴图控制缩放，防止穿模。例如，将一个柱状体的侧面布料标签中的尺寸修改为 120%，布料效果如图 13.9 所示。

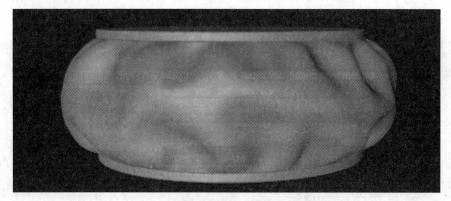

图 13.9   设置布料尺寸对应变化效果

- "撕裂"：勾选该项后，布料会被模型穿破，图 13.10 所示分别为未勾选"撕裂"和勾选"撕裂"的效果。当勾选"撕裂"后，可设置"撕裂"的数值，该数值表示所能承受外力的巅峰值，当超过时布料会产生撕裂。

  注：布料的撕裂效果可以配合高级属性中的参数设置来调整。

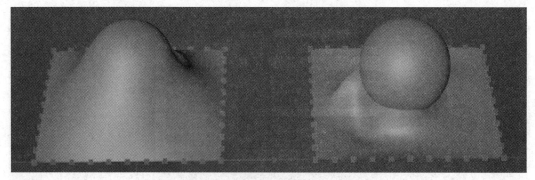

图 13.10   "使用撕裂"选项对应布料状态

"影响"参数的面板如图 13.11 所示。其中：

- "重力"：在无风状态下，重力值为负数，布料下落，重力值为正数布料上升，重力值为 0 布料静止。

图 13.11　"影响"参数的面板

• "黏滞"：类似于空气阻力能够阻止延缓物体运动。

• "风力方向.X""风力方向.Y""风力方向.Z""风力强度"：正值为数轴正向，负值为负向；当 X、Y、Z 三个方向中至少有一个数值不为 0，强度不为 0 时才会产生风。

• "风力湍流强度""风力湍流速度"：增加风的随机性，更加接近自然界的真实环境。

• "风力黏滞""风力压抗"：共同决定了风对布料的影响程度。

• "风力扬力"：风在吹起布料时对布料托举上升程度的影响。

• "空气阻力"：类似于"黏滞"选项对布料的影响。

"修整"参数的面板如图 13.12 所示。其中：

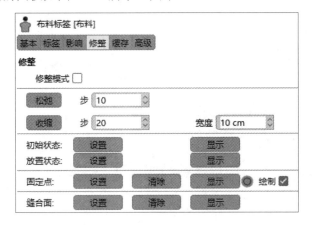

图 13.12　"修整"参数的面板

- "修整模式"：该选项配合下面两个参数"初始状态"和"放置状态"来进行切换。初始状态即当动画模拟到某一帧时将该状态设置为初始。
- "固定点"：将模型中的某一排点设为固定点后这些点将不会产生动画。
- "缝合面"：如图 13.13 所示，设置圆柱侧面为缝合面，设置缝合宽度和缝合步数(缝合度越高、越细腻，计算越慢)，点击自动收缩即可。松弛用于控制褶皱。

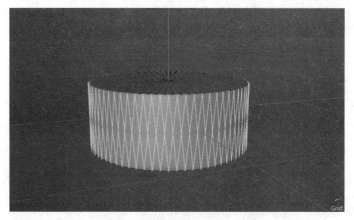

图 13.13　设置圆柱侧面缝合参数

"高级"参数的面板中涉及更深层次的布料碰撞以及影响撕裂效果的参数，一般数值设置为默认，只需要勾选"本体碰撞"即可。勾选"全局交叉分析"后计算速度会变慢，应根据情况进行选择，子采样以及点边面 EPS 值要少进行调整，防止电脑卡死。"限制到"链接框中放置参与计算的效果器、力场及变形器。

项目实施

步骤1　在 C4D 常用工具栏中按住 ▣ 立方体图标,在弹出的工具栏中选择 ▣ 圆柱体,透视视图将增加一个圆柱体，在右侧参数面板，设置圆柱对象属性的"半径"为 600 cm，"高度"为 25 cm，"高度分段"为 1，"旋转分段"为 36，上述操作使圆柱体边缘变得圆滑，如图 13.14 所示。

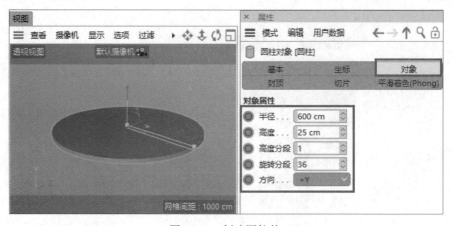

图 13.14　创建圆柱体

步骤 2 为了便于观察物体表面的线条，在"视图"面板点击"显示"，在下拉菜单中选择"光影着色(线条)N~B"，可在物体光滑表面显示黑色线条，如图 13.15 所示。

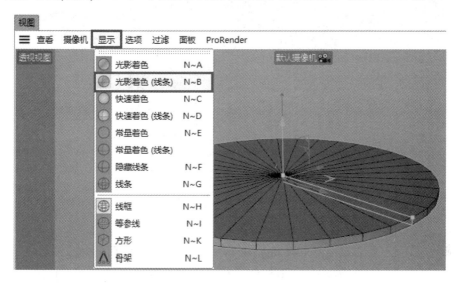

图 13.15 设置光影着色(线条)显示模式

小技巧：按快捷键 N~B，可快速设置光影着色(线条)显示模式。

步骤 3 为了使圆柱边缘变得圆滑，可在参数面板切换圆柱对象"封顶"面板，勾选"圆角"，设置圆柱的"圆角""分段"和"半径"，如图 13.16 所示。

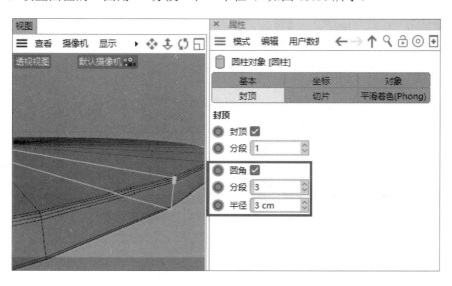

图 13.16 设置圆柱的圆角参数

步骤 4 再创建一个圆柱体，设置其"半径"为 500 cm，"高度"为 600 cm，"高度分段数"为 1，"旋转分段"为 6，使圆柱体变成一个六棱柱，点击鼠标中键，将视图切换到四视图，在正视图中将圆柱 1 沿 Y 轴平移到圆柱底部，如图 13.17 所示。

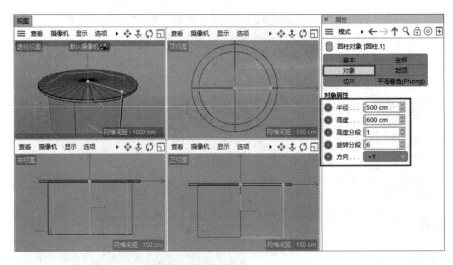

图 13.17　创建一个六棱柱

步骤 5　在工具栏选择 🔳 细分曲面图标，在下拉工具面板点击 🔺 晶格，并按住 Alt 键，给圆柱 1 添加父级命令，将圆柱 1 的六棱柱形状变成六根圆柱，设置晶格对象属性面板的"圆柱半径"和"球体半径"为 10 cm，"细分数"为 8，如图 13.18 所示。

图 13.18　将圆柱 1 晶格变形

步骤 6　在右侧面板选择"圆柱.1"，设置圆柱对象圆柱 1 的"封顶"参数，取消"封顶"复选框默认的"☑"，将透视图中晶格底部的交叉圆柱去掉，如图 13.19 所示。

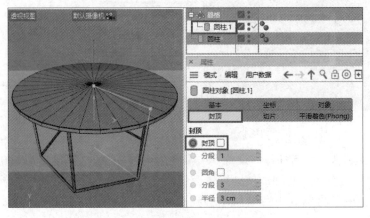

图 13.19　去掉晶格底部的交叉圆柱

步骤 7　按 E 键激活 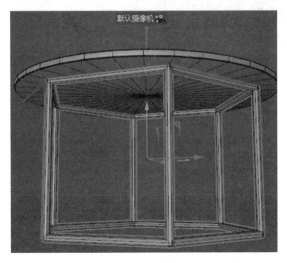 移动工具，配合弧形旋转视图的快捷键 Alt + 鼠标左键，将晶格圆柱移到圆柱桌面的底部，如图 13.20 所示。

图 13.20　移动晶格至桌面底部

步骤 8　创建圆盘作为桌布，点击工具栏中的 立方体图标，在下拉工具面板中选择 圆盘工具，在透视图中创建一个圆盘，新创建的圆盘尺寸较小，可在右侧参数面板设置"外部半径"为 900 cm，一定要比桌面的尺寸大，"圆盘分段"为 100，"旋转分段"为 150，增加圆盘细分面可使圆盘桌布下降后更加柔顺，如图 13.21 所示。

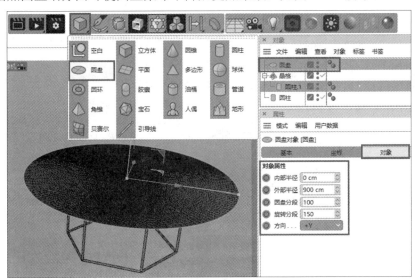

图 13.21　创建圆盘

步骤 9　按 Ctrl 键选择圆柱、圆柱.1 和晶格三个物体，点击鼠标右键，在弹出的选项中点击"连接对象 + 删除"，将视图中的桌面和桌腿合并为一个物体，再选择圆盘，并点击鼠标右键选择"转换为可编辑对象"，或直接按快捷键 C 将圆盘几何体转换为可编辑对象，最后将"圆盘"重命名为"桌布"，"晶格"重命名为"桌子"，如图 13.22 所示。

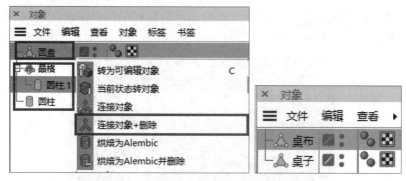

图 13.22   将桌布和桌子转换为可编辑对象

步骤 10   将"Syflex"插件复制到"Maxon Cinema 4D R21"程序文件夹下的"plugins"文件夹中，如图 13.23 所示。

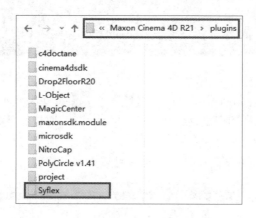

图 13.23   安装 Syflex 插件

步骤 11   选择"桌布"物体，点击菜单栏下的"插件"菜单，在下拉菜单中选择"Syflex"，再点击右侧菜单顶部，将 Syflex 命令框浮于 C4D 工作界面，如图 13.24 所示。

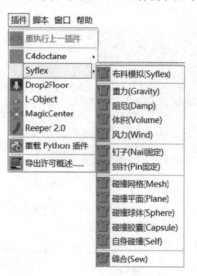

图 13.24   激活 Syflex 命令框

步骤 12 选择 Syflex 命令框中的"布料模拟(Syflex)",按 Shift 键并点击鼠标左键,将布料模拟添加到"桌布"的子集,再以相同方法将自身碰撞(Self)、碰撞网格(Mesh)、重力(Gravity)三个命令添加到"布料模拟(Syflex)"的子集中,点击选择"碰撞网格(Mesh)",将"桌子"拖曳到碰撞网格(Mesh)"对象"参数面板的"对象 Object"选框中,使桌布下降后与桌面产生碰撞,否则桌布会穿过桌子下降,如图 13.25 所示。

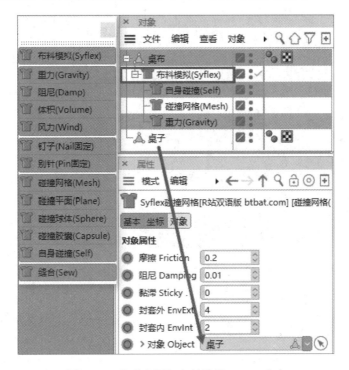

图 13.25 为桌布添加布料模拟(Syflex)命令

步骤 13 测试桌布布料模拟效果,先将动画工具栏的时间帧设置为 500 帧,再将动画帧拖曳到第 500 帧,点击 ▶ "播放"按钮,将时间帧定位到第 84 帧附近,可观察桌布布料动态模拟效果较为真实,如图 13.26 所示。

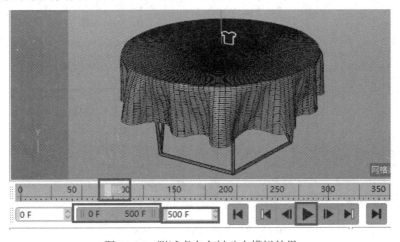

图 13.26 测试桌布布料动态模拟效果

步骤 14 布料模拟效果是动态计算的过程，选择合适的效果后将时间帧定位准确后，在"桌布"界面点击鼠标右键，选择"当前状态转为对象"，即可将 Syflex 动态模拟的桌布物体删除，只留被复制后的桌布对象，以免渲染时计算布料动态模拟效果影响渲染速度，如图 13.27 所示。

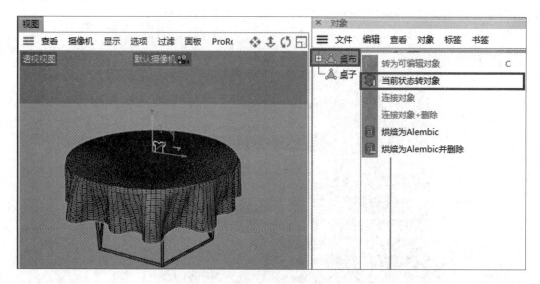

图 13.27　将桌布布料模拟动画转换成对象

步骤 15 点击工具栏中的"　L-Object"，该工具需要安装 L-Object 插件，在场景中添加 L 形背景，调整该背景的"高度""宽度"和"深度"，使桌子可以完整显示在场景中，如图 13.28 所示。

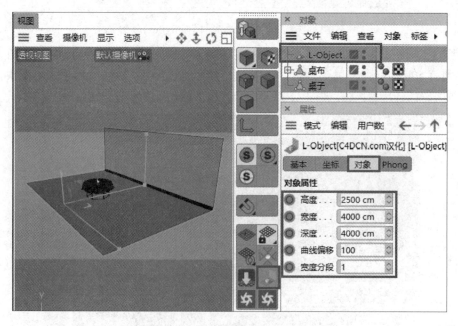

图 13.28　在场景中添加 L 形背景

步骤 16 点击 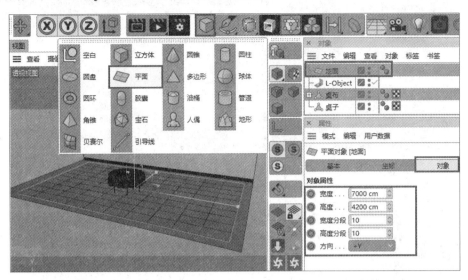 下的立方体选择 平面，在场景中创建一个平面作为地面，调整平面的大小与 L-Object 匹配，如图 13.29 所示。

图 13.29　创建地面

步骤 17 点击工具栏中的 Octane 实时预览窗口，将该窗口拖曳到透视视图工作界面的左侧，便于实时预览，如图 13.30 所示。

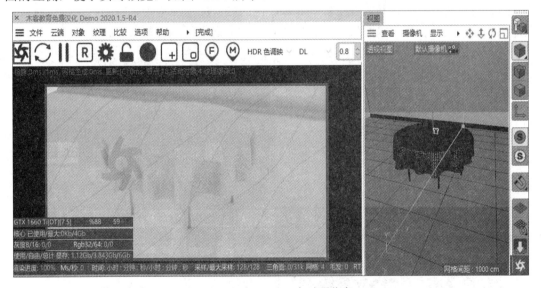

图 13.30　添加 Octane 实时预览窗口

在 Octane 实时预览窗口点击"对象"下拉菜单的"Hdri 环境"，在右侧新增的"Octane 天空"点击 Octane 环境标签，在其参数面板点击图像纹理下面的黑色方框，按住 Shift+F8 键打开"内容浏览器"，搜索"HDR 预设"选择"真实室内模拟.hdr"，将其拖到 Octane 环境标签面板着色器文件中，设置"类型"为"浮点"，如图 13.31 所示。

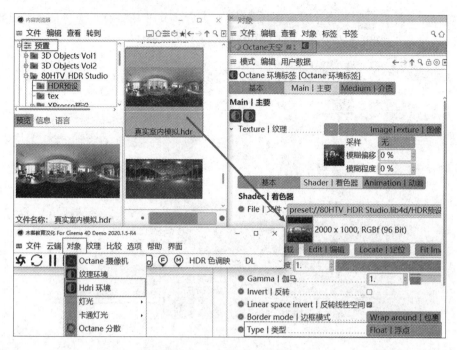

图 13.31   创建 Hdri 环境

步骤 18   在工具栏中点击 ![] Octane 漫射材质球,在材质面板新增一个漫反射材质,将其颜色设置为浅蓝色,可点击 ![] 从屏幕取色的吸管选择参考图中的颜色,将该材质拖曳到桌布上,此时右侧对象面板的桌布后会新增一个材质球,如图 13.32 所示。

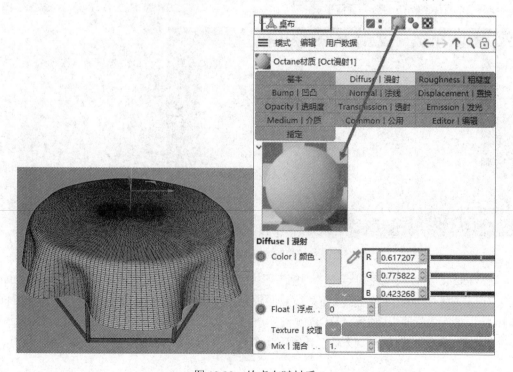

图 13.32   给桌布赋材质

步骤 19　在工具栏中点击 Octane 金属材质球，将该材质拖曳到桌腿上，给桌子对象新增 Octane 金属材质球，如图 13.33 所示。

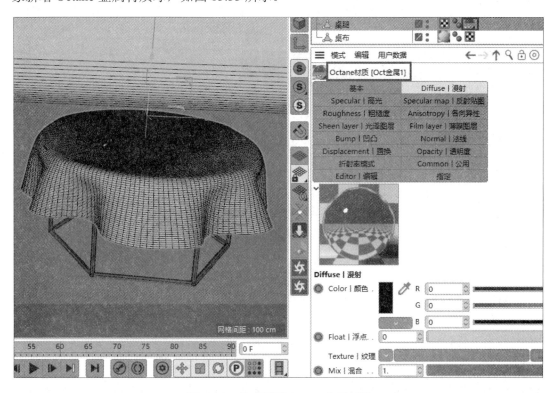

图 13.33　给桌子赋 Octane 金属材质

步骤 20　按相同的步骤给地面和 L-Object 背景赋相应的材质，如图 13.34 所示。

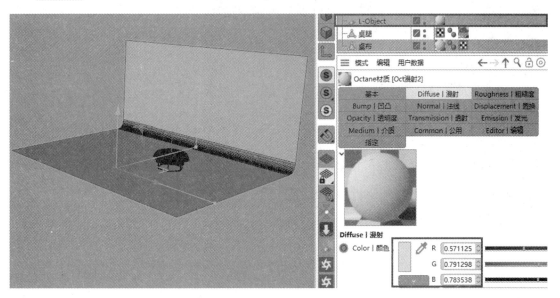

图 13.34　给地面和 L-Object 背景赋相应的材质

步骤 21   在"内容浏览器"面板中选择"3D Objects Vol2"的蛋糕盒和红酒瓶模型，并将模型拖曳到场景中，调整其大小及位置，如图 13.35 所示。

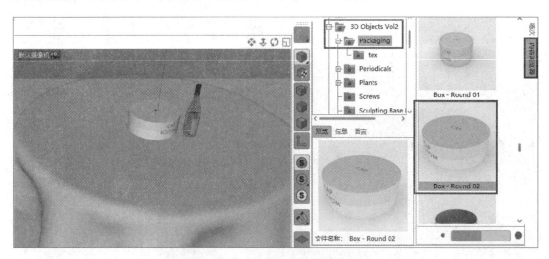

图 13.35   添加桌面物体

步骤 22   在 OC 预览窗口中点击"对象"下拉菜单中的 Octane 摄像机，在右侧的摄像机对象 Octane 摄像机"对象"面板设置"焦距"为"电视(135 毫米)"，如图 13.36 所示。

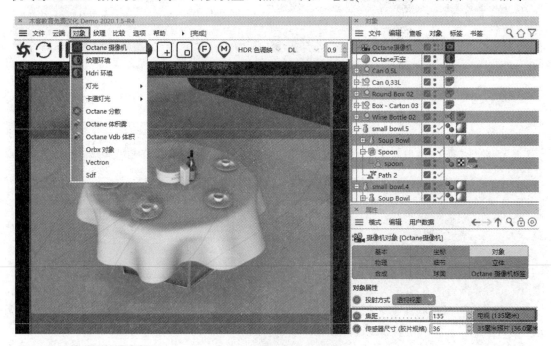

图 13.36   设置 Octane 摄像机

步骤 23   通过观察发现桌布下摆布不圆滑，选择"桌布"对象，按住 Alt 键点击 ▣ 细分曲面工具，给桌布添加细分曲面的父级，使桌布变得圆滑柔顺，如图 13.37 所示。

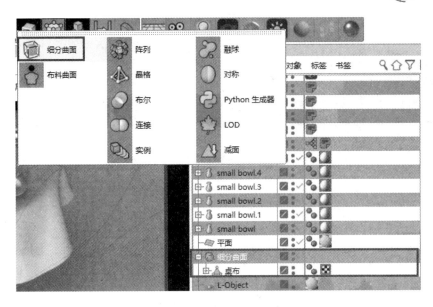

图 13.37　给桌布添加细分曲面

步骤 24　点击 OC 渲染器窗口中的"🔆 设置"工具，打开 Octane 设置对话框，设置路径追踪的"最大采样值"为 500，"漫射深度"为 16，"镜面深度"为 16，"散射深度"为 8，"全局光照修剪"为 1，点击"摄像机成像"选项卡的"成像"，设置"滤镜曲线"为 DSCS315_2，点击"摄像机成像"选项卡的"降噪"，勾选"开启降噪"，点击"后期"选项卡，勾选"启用"，设置"辉光强度"为 20，点击工具栏"🔆 编辑渲染设置"，在渲染设置窗口选择 Octane Renderer 渲染器，设置"输出"为 1280 像素 × 720 像素，选择"保存"选项，设置"保存的格式"为 JPG，选择"Octane Renderer"选项，设置"图像颜色配置文件"为 sRGB，色调映射类型为色调映射，点击工具栏"▶️ 渲染到图片查看器工具"，在图片查看器窗口预览渲染效果图，点击"🖼 将图像另存为"图标，将渲染的最终效果图保存到指定位置，保存 C4D 工程项目并进行文件打包，点击菜单栏"文件"→"保存工程(包含资源)"选项，进行文件保存命名及打包。

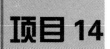

项目 14　窗帘布料动力学模拟建模

微课

项目描述

利用 C4D 布料动力学模拟创建窗帘布料模拟效果，如图 14.1 所示。

图 14.1　窗帘布料模拟效果

具体要求如下：

(1) 在场景中创建一个窗帘。

(2) 窗帘自然下垂，随风飘动，布料柔软顺滑，符合自然规律。

(3) 给窗帘赋布料材质。

(4) 渲染输出 JPG 图像，输出大小为 1280 像素 × 720 像素，并保存 C4D 工程项目打包文件。

核心知识点

Syfelx 布料模拟插件可以创建真实的布料动画，可以通过施加各种作用力、约束以及碰撞来计算布料的运动。为了制作布料模拟动画的效果，首先需要将可编辑网格的物体转化为布料，再施加重力和空气阻力，并添加所需的角色碰撞后，Syfelx 就可以进行布料模拟动画的计算。Syfelx 使用的是一个快速且精确的解算器，它能提供任何材质(如棉、丝、皮等)所需的动画控制。使用 Syfelx 不需要裁剪样片 panel，直接可将布料缝合在一起，可用于任何布料，除了模拟 T 恤、裙子、夹克和裤子之类的衣物，Syfelx 还能够模拟很多柔软的物体，如窗帘、床单、皮肤，甚至毛发。

将 Syflex 布料模拟插件复制到 C4D 应用程序的"pluging"插件文件夹中，即可完成"Syflex"插件的安装，如图 14.2 所示。

图 14.2　安装 Syflex 插件

在 C4D 中，鼠标单击菜单栏中的"插件"→"Syflex"，即可弹出"Syflex"工具，点击此工具列表顶部虚线框，可将该工具浮于窗口，如图 14.3 所示。

图 14.3　"Syflex"工具栏

图 14.3 中：

· "布料模拟(Syflex)"：可设置布料的质量、刚性、阻尼、裁剪、弯曲、缝制框架等，质量越大，则物体越重；刚性值和弯曲度越小，则布料柔软度越好，如图 14.4 所示。

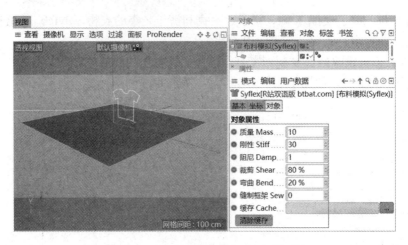

图 14.4　"布料模拟(Syflex)"参数面板

• "重力(Gravity)"：参数主要设置重力的 X、Y、Z 三个方向及重力的强度，强度越小受重力影响越小，如羽毛或轻纱等，如图 14.5 所示。

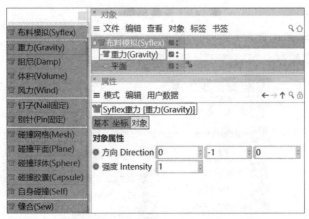

图 14.5　"重力(Gravity)"参数面板

• "阻尼(Damp)"：强度越大，阻尼越大，如图 14.6 所示。

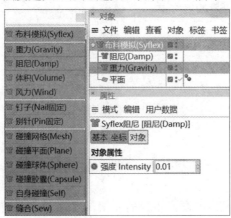

图 14.6　"阻尼(Damp)"参数面板

· "体积(Volume)"：参数主要设置压力、体积和阻尼，如图 14.7 所示。

图 14.7　"体积(Volume)"参数面板

· "风力(Wind)"：参数设置强度、波动、扩散、频率、单边等，一般主要设置强度和扩散，如图 14.8 所示。

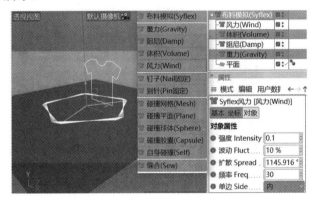

图 14.8　"风力(Wind)"参数面板

· "钉子(Nail 固定)"：设置柔性、刚度、阻尼和选集，关键要把布料的固定点拖曳到选集中，布料飘动时才不会飘走，如图 14.9 所示。

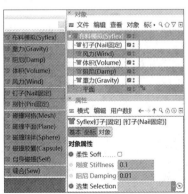

图 14.9　"钉子(Nail 固定)"参数面板

· "别针(Pin 固定)"：设置柔性、刚性、阻尼、选集、对象、距离、固定帧，如图 14.10

所示。

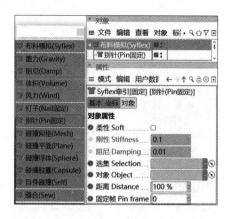

图 14.10   "别针(Pin 固定)"参数面板

- "碰撞网格(Mesh)"：设置摩擦、阻尼、黏滞、封套外、封套内、对象，主要用于布料与其他物体之间的碰撞，如图 14.11 所示。

图 14.11   "碰撞网格(Mesh)"参数面板

- "碰撞平面(Plane)"：设置布料与平面产生的摩擦、阻尼、封套，该参数可制作布料在地面拖放的效果，如图 14.12 所示。

图 14.12   "碰撞平面(Plane)"参数面板

· "碰撞球体(Sphere)"：设置布料与球体产生的摩擦、阻尼、球体的半径、封内等参数，如图 14.13 所示。

图 14.13　"碰撞球体(Sphere)"参数面板

· "碰撞胶囊(Capsule)"：设置布料与胶囊产生的摩擦、阻尼，胶囊的长度、半径及封套值，如图 14.14 所示。

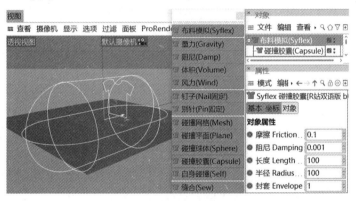

图 14.14　"碰撞胶囊(Capsule)"参数面板

· "自身碰撞(Self)"：设置布料自身之间的摩擦、阻尼、封内、边等参数值，如图 14.15 所示。

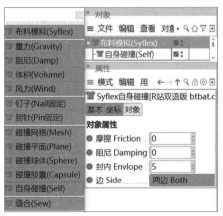

图 14.15　"自身碰撞(Self)"参数面板

- "缝合(Sew)"：设置布料缝合的选集、点数、刚性、阻尼等参数值，如图 14.16 所示。

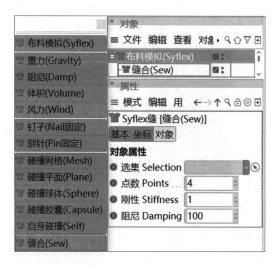

图 14.16   "缝合(Sew)"参数面板

项目实施

步骤 1   在 C4D 工具栏点击 " L-Object"，在场景中创建一个 L 形场景，设置其"高度""宽度"和"深度"，如图 14.17 所示。

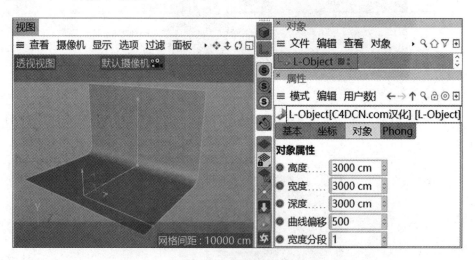

图 14.17   创建 L-Object

步骤 2   按住工具栏中的 立方体图标，在其下拉面板中选择 平面，在场景中创建一个平面，设置平面"宽度"为 1500 cm，"高度"为 1200 cm，"宽度分段"和"高度分段"均为 80，"方向"为+Z，按快捷键 N~B，将视图中平面以"光影着色(线条)"显示，再按快捷键 C 将平面转为可编辑对象，如图 14.18 所示。

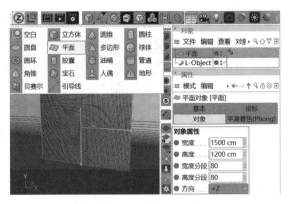

图 14.18　创建平面

步骤 3　用鼠标点击菜单栏中的"插件"菜单，在下拉菜单中选择"Syflex"，然后点击侧拉菜单的顶部，将 Syflex 菜单命令浮于窗口，如图 14.19 所示。

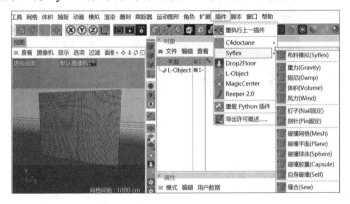

图 14.19　选择 Syflex 命令

步骤 4　将 Syflex 命令框中的"布料模拟"拖曳到对象面板，由于该布料的效果是针对"平面"的窗帘物体，应按住 Shift 键单击"布料模拟"命令，为"平面"添加"布料模拟"命令，再按此操作方法将"重力"命令添加至"布料模拟"下方成为其子命令，默认重力的方向 Y 值为−1，重力向下，强度为 1，如图 14.20 所示。

图 14.20　给窗帘的平面物体附加布料模拟和重力命令

步骤 5   选择"平面"对象，按 C 键将其转换为可编辑对象，点击并激活 点模式，按鼠标中键将主视图切换到正视图，调整视图将平面顶部全部显示在正视图中，按住快捷 O 键框选顶部所有的顶点，点击菜单栏下的"选择"菜单，在其下拉菜单中选择"设置选集"，此时在"对象"面板的"平面"后会出现 "点选集标签"，再按住 Shift 键用鼠标点击 Syflex 命令框中的"钉子(Nail 固定)"，为"平面"的"布料模拟"添加"钉子(Nail 固定)"命令，如图 14.21 所示。

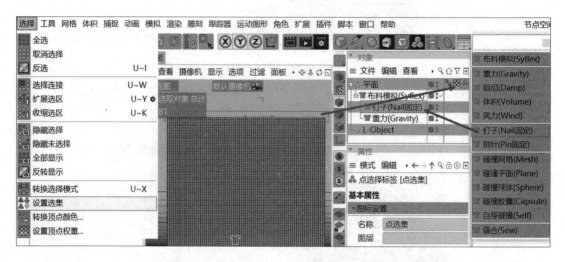

图 14.21   添加钉子命令并设置点选集

步骤 6   "钉子(Nail 固定)"命令的作用是固定窗帘顶部，使窗帘不会受重力掉落，因此要将"平面"对象后的 "点选集标签"拖曳至"Syflex 钉子(固定)"属性面板的"选集 Selection"的选框后，如图 14.22 所示。

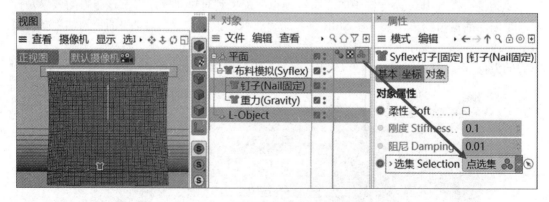

图 14.22   给窗帘设置固定钉子的点选集

步骤 7   设置动画帧总长为 500F，并将动画轨迹拖至第 500 帧，点击 向前播放按钮，可以观察到窗帘布料顶部固定，下摆受 Syflex 布料作用会产生摆动，注意预览后一定要按 转到开始按钮，将动画帧还原到第 0 帧，如图 14.23 所示。

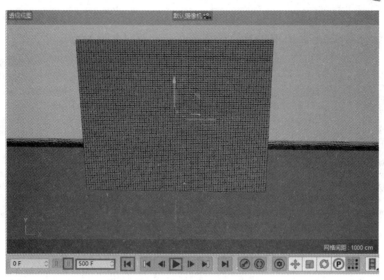

图 14.23 预览窗帘动画

步骤 8 由于窗帘摆动效果不明显，需要添加"风力"命令，按住 Shift 键且用鼠标点击 Syflex 命令框中的"风力(Wind)"，为窗帘平面添加风力效果，设置"强度"为 0.01，扩散"Spread"为 60°，按快捷键 R 激活 旋转工具，将风力方向旋转至窗帘的前方，如图 14.24 所示。

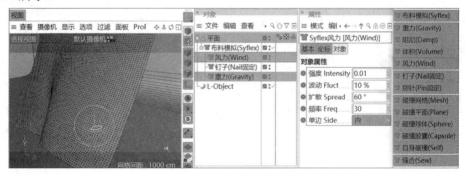

图 14.24 添加风力

步骤 9 鼠标点击 ▶ 向前播放键预览窗帘动画，会发现窗帘布料出现自身穿插的反常规现象，如图 14.25 所示。

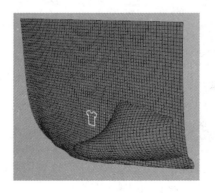

图 14.25 窗帘出现自身穿插现象

步骤 10   按住 Shift 键且用鼠标单击 Syflex 命令面板中的"自身碰撞(Self)",再次预览动画窗帘飘动过程就不会出现自身穿插现象了,如图 14.26 所示。

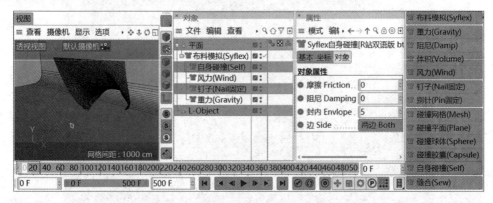

图 14.26   添加"自身碰撞(Self)"命令

步骤 11   窗帘一般会拖垂在地面产生褶皱,否则窗帘会穿插到地面以下,此时按住 Shift 键且用鼠标单击 Syflex 命令面板的"碰撞平面(Plane)"命令,再次预览可看到窗帘拖垂地面的效果,在视图中显示的白框,是模拟平面的位置,垂直调整该白框的位置,可预览观察窗帘拖垂地面的位置,如图 14.27 所示。

图 14.27   添加"碰撞平面(Plane)"命令

步骤 12   选择"平面"对象,按快捷键 T 激活 □ 缩放工具,点击 ▶ 播放按钮,在窗帘飘动的过程中向内收缩窗帘,使其产生褶皱,如图 14.28 所示。

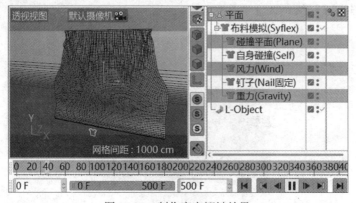

图 14.28   制作窗帘褶皱效果

步骤 13 将当前窗帘的状态转换为对象，渲染效果图时就不会再次进行模拟计算，以免影响渲染的时长，选择"平面"对象并点击鼠标右键，在弹出的菜单中选择"当前状态转对象"，如图 14.29 所示。

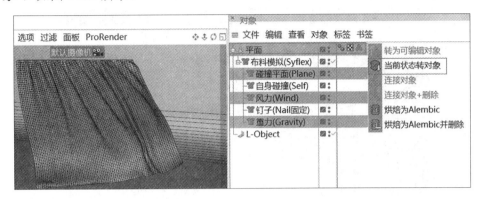

图 14.29 选择窗帘飘动过程中适合的时间帧并将当前状态转对象

步骤 14 在对象面板显示 2 个"平面"，一个是带布料模拟的平面，另一个是平面物体，将带布料模拟的平面删除(按 Delete 键)，如图 14.30 所示。

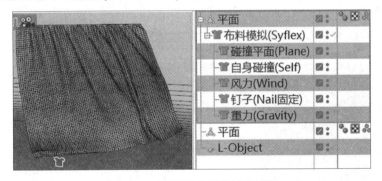

图 14.30 删除带布料模拟的平面

步骤 15 制作窗帘杆，选择 立方体图标，在其下拉面板中选择 圆柱，设置圆柱体的半径、高度、高度分段、方向等参数，将圆柱体移动到窗帘顶部位置作为窗帘杆，如图 14.31 所示。

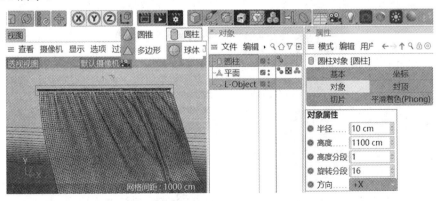

图 14.31 添加一根窗帘杆

步骤 16   再创建窗帘杆两端的装饰球，选择 立方体图标，在其下拉面板中选择 球体，在窗帘杆的一端创建一个金属球，调整其位置及大小后，再复制一个拖曳到窗帘杆另一端，如图 14.32 所示。

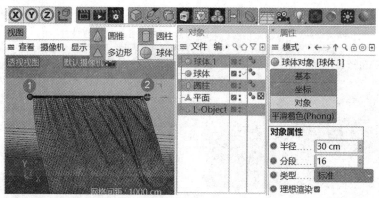

图 14.32   创建金属球

步骤 17   在工具栏下点击 Octane 漫射材质球图标创建一个 Octane 漫射材质球，在属性面板设置漫射颜色为浅蓝色(R174，G230，B232)，将该材质赋给场景中的"平面"窗帘，如图 14.33 所示。

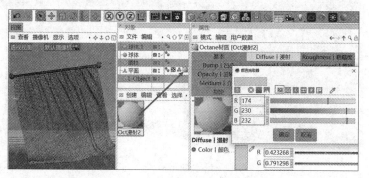

图 14.33   创建"Octane 漫射材质"

步骤 18   选择 Octane 漫射材质球属性面板的"Opacity|透明度"选项，设置透明度的颜色为浅灰色(R190，G190，B190)，预览窗帘材质的透明效果，如图 14.34 所示。

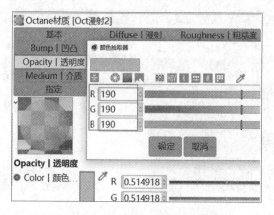

图 14.34   设置窗帘布料的透明度

步骤 19　为使布料具有一定的凹凸纹理，打开"Octane 节点编辑器"，搜索"图像纹理"并将其拖到编辑窗口中，将"麻绳.tif"的图片素材拖曳到着色器的文件选框中，将该图像纹理连接到材质球的"凹凸"选项中，由于纹理较粗大，需要将其纹理细化，鼠标点击"UV 变换"，将其"S.X""S.Y""S.Z"参数值设置为 0.03，如图 14.35 所示。

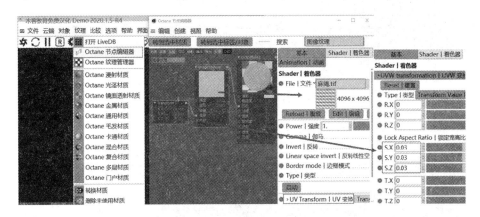

图 14.35　设置窗帘布料的凹凸纹理

步骤 20　点击"Octane 金属材质"创建 OctMetal 金属材质，设置其粗糙度"Float|浮点"为 0.3，并将其赋给场景中的窗帘杆和金属球，如图 14.36 所示。

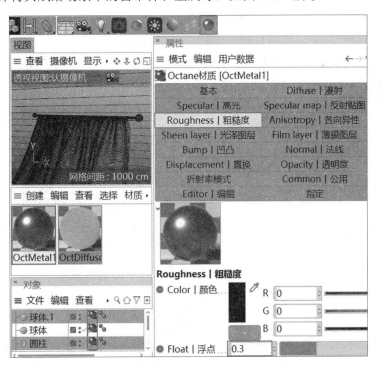

图 14.36　创建金属材质

步骤 21　按相同的步骤给 L-Object 背景赋 Octane 漫射材质，设置其背景色为深蓝色 (R57，G125，B142)，如图 14.37 所示。

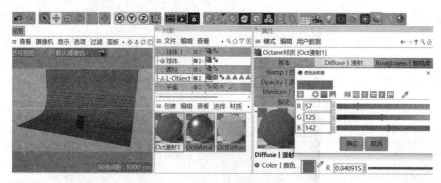

图 14.37　设置 L-Object 颜色

步骤 22　为了使窗帘更加柔顺，为其添加细分曲面命令，选择"平面"对象，按住 Alt 键用鼠标点击 细分曲面命令，如图 14.38 所示。

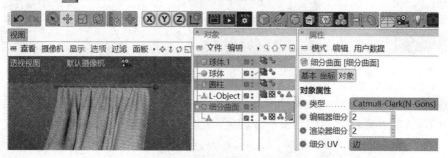

图 14.38　给窗帘添加细分曲面命令

步骤 23　点击 OC 渲染器窗口中的"对象"→"Hdri 环境"，添加 Octane 天空环境，在"内容浏览器"面板选择"HDR 预设"的"真实室内模拟.hdr"，将该图片拖曳"Octane 环境标签"的着色器文件，设置"Type|类型"为"Float|浮点"，如图 14.39 所示。

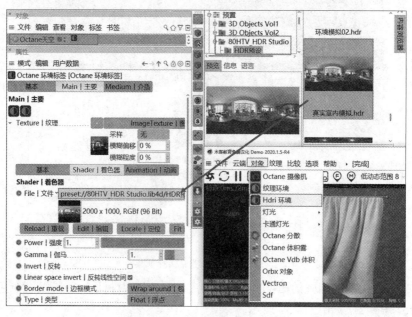

图 14.39　Hdri 环境

步骤 24　点击工具栏中的 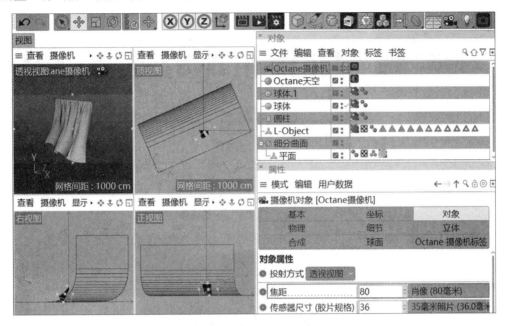 "Octane 摄像机"，将摄像机焦距设置为"肖像(80 毫米)"，在四视图中调整摄像机的位置，使窗帘完全呈现在摄像机范围内，点击 Octane 摄像机对象后的 ，将当前透视图切换为 Octane 摄像机，如图 14.40 所示。

图 14.40　添加 Octane 摄像机

步骤 25　点击 OC 渲染器窗口中的 " 设置" 工具，打开 Octane 设置对话框，设置路径追踪的"最大采样值"为 500，"漫射深度"为 16，"镜面深度"为 16，"散射深度"为 8，"全局光照修剪"为 1，点击"摄像机成像"选项卡的"成像"，设置滤镜曲线为 DSCS315_2，点击"摄像机成像"选项卡的"降噪"，勾选"开启降噪"，点击"后期"选项卡，勾选"启用"，设置"辉光强度"为 20，点击工具栏下的" 编辑渲染设置"，在渲染设置窗口选择 Octane Renderer 渲染器，设置"输出"为 1280 像素 × 720 像素，选择"保存"选项，设置保存的"格式"为 JPG，选择"Octane Renderer"选项，设置"图像颜色配置文件"为 sRGB，色调映射类型为色调映射，点击工具栏" 渲染到图片查看器工具"，在图片查看器窗口预览渲染效果图，点击" 将图像另存为"图标，将渲染的最终效果图保存到指定位置，保存 C4D 工程项目并进行文件打包，点击菜单栏"文件"→"保存工程(包含资源)"选项，进行文件保存命名及打包。

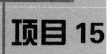

项目 15   封口瓶布料模拟建模

微课

项目描述

利用 C4D 布料动力学模拟创建封口瓶布料模拟效果，如图 15.1 所示。

图 15.1   封口瓶布料模拟效果

具体要求如下：

(1) 在场景中创建一个布料封口瓶。

(2) 封口布料的绳索要求紧紧缠绕住瓶口的布料，布料褶皱符合自然规律。

(3) 给场景及物体赋材质。

(4) 渲染输出 JPG 图像，输出大小为 1280 像素 × 720 像素，并保存 C4D 工程项目打包文件。

核心知识点

为了简化制作绳索类的模型的复杂过程，C4D 提供了 Reeper 绳索插件，将"Reeper"插件直接复制到 C4D 程序的 plugins 文件夹中，如图 15.2 所示。

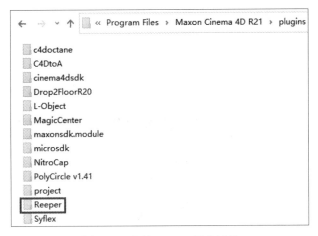

图 15.2　安装 Reeper 绳索插件

安装 Reeper 绳索插件后，重启 C4D 即可在菜单栏"插件"菜单的下拉选项中找到
"Reeper 2.0"，如图 15.3 所示。

图 15.3　启用 Reeper 绳索插件

绳索插件的使用主要是依附于样条曲线，按住 Alt 键将 Reeper 命令拖曳到样条线上，
定义为其父级命令，Reeper 绳索插件沿样条线自动生成一根绳子，如图 15.4 所示。

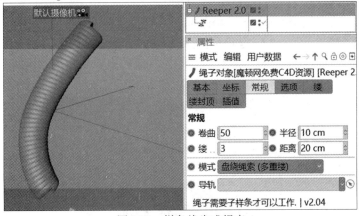

图 15.4　样条线生成绳索

Reeper 绳索插件的"常规"属性面板参数如下：

• "卷曲"：此选项为绳索设置缠绕的圈数，螺旋圈数。
• "半径"：此选项为绳索的粗细。

- "缕"：此选项为组成绳索的股数。
- "距离"：此选项为绳索每股的距离。
- "模式"：此选项为绳子缠绕的模式，如图 15.5 所示。

盘绕绳索(多重缕)

简单辫子(3 缕)

Lissajous 辫子(3 缕)

Lissajous 辫子(5 缕)

图 15.5　绳子缠绕的模式

Reeper 绳索插件的"选项"属性面板参数如下：

- "旋转"：此选项为绳子整体旋转。
- "偏移"：此选项为绳索在样条线上位置偏离控制。
- "从"：从绳子前端开始偏离。
- "到"：从绳子尾部开始偏离。
- "多重阴影模式"：勾选该项支持多颜色渲染，如图 15.6 所示。

图 15.6　绳索多重阴影模式

Reeper 绳索插件的"缕"属性面板主要设置绳索粗细变化程度，如图 15.7 所示。

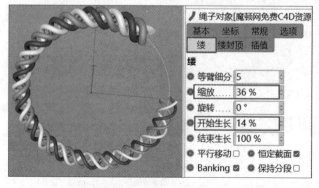

图 15.7　Reeper 绳索插件的"缕"属性面板

　　Reeper 绳索插件的"缕封顶"属性面板参数主要设置绳索顶部封口形状，如图 15.8 所示。

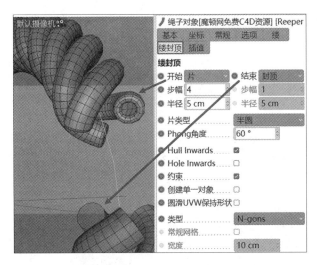

图 15.8　Reeper 绳索插件的"缕封顶"属性面板

　　Reeper 绳索插件的"插值"属性面板参数主要设置绳索细分程度，如图 15.9 所示。

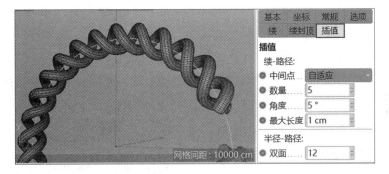

图 15.9　Reeper 绳索插件的"插值"属性面板

项目实施

步骤 1　打开 C4D 源文件"玻璃瓶模型.c4d"，如图 15.10 所示。

图 15.10　玻璃瓶模型

步骤 2　在 C4D 工具栏点击"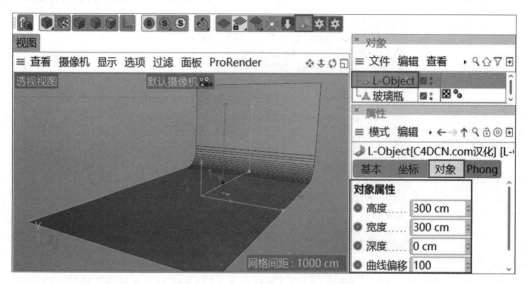 L-Object",在场景中创建一个 L 形场景,设置其高度、宽度和深度,如图 15.11 所示。

图 15.11　创建 L-Object 场景

步骤 3　创建布料。在 立方体工具面板中选择" 平面",在场景中创建一个平面作为布料,将其位置调整到瓶口上,设置其"宽度""高度"均为 30 cm,"宽度分段"和"高度分段"均为 60,"方向"为 +Y,如图 15.12 所示。

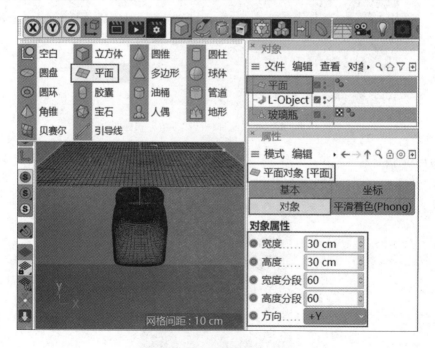

图 15.12　创建布料

步骤 4　点击"插件"→"Syflex"→"布料模拟(Syflex)",将布料模拟(Syflex)命令框

浮于窗口，如图 15.13 所示。

图 15.13 设置"布料模拟(Syflex)"命令

步骤 5 先选择平面对象按快捷键"C"将其转为可编辑对象，点击选择"布料模拟(Syflex)"→"自身碰撞(Self)"→"碰撞网格(Mesh)"→"重力(Gravity)"，分别将其拖曳到平面下，再选择"碰撞网格(Mesh)"命令，将"玻璃瓶"拖曳到"碰撞网格"属性面板的"对象 Object"输入框，如图 15.14 所示。

图 15.14 添加"布料模拟(Syflex)"命令

步骤 6 将动画帧延长至 500 帧，点击 ▶ 向前播放按钮预览布料模拟动画，观察到布料动画不自然，停止动画播放并点击 ◀ 转到开始按钮，将布料还原到最初的状态，调节"碰撞网格"属性面板的"封套外"与"封套内"参数值，再预览布料动画直至布料落到瓶口自然垂落即可暂停播放，如图 15.15 所示。

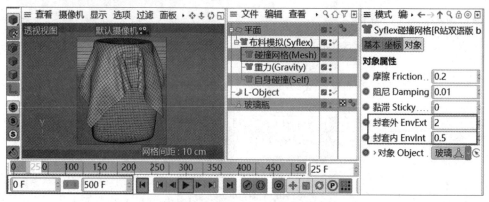

图 15.15　调整布料模拟参数

步骤 7　在布料上方创建圆环。点击  转到开始按钮，将布料还原到初始状态，在立方体面板中选择"圆环"，在场景中创建一个圆环，将圆环的位置调整到瓶口正上方，设置"圆环半径"为 5.2 cm，"圆环分段"为 36，"导管半径"为 0.3 cm，"导管分段"为 16，"方向"为 +Y，如图 15.16 所示。

图 15.16　创建圆环

步骤 8　按快捷键 C 将圆环转换为可编辑对象，再新增一个"碰撞网格"命令到"布料模拟"命令，再将圆环拖曳到"碰撞网格"的"对象 Object"输入框中，给布料新增一个网格碰撞对象，如图 15.17 所示。

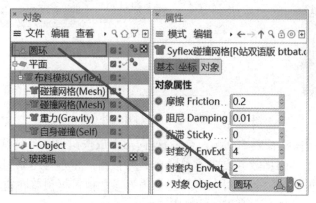

图 15.17　新增圆环的碰撞网格对象

步骤9　点击 ▶ 向前播放按钮预览布料模拟动画，当布料稳定在瓶口位置后，按快捷键 E 激活移动工具，缓慢地将圆环沿 Z 轴向下移动到瓶颈处，再按快捷键 R 激活缩放工具，向内收缩圆环，仔细观察瓶口处布料随着圆环的缩小向内收缩，注意不要将布料挤破，如出现布料挤破的现象需要暂停并点击 ◀ 转到开始按钮，重新预览动画并调整圆环的位置及大小，收缩瓶口布料直至达到满意的效果，如图 15.18 所示。

图 15.18　移动并收缩圆环调整瓶口布料状态

步骤 10　定位布料模拟效果后，点击工具栏中的"🔲 细分曲面"命令，将其拖曳到"平面"的父级，如图 15.19 所示。

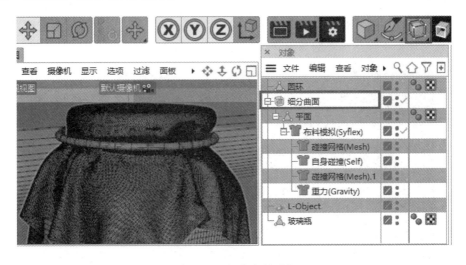

图 15.19　细化布料对象

步骤 11　定格布料封口的状态，在"细分曲面"对象上点击鼠标右键，在弹出的菜单中选择"当前状态转对象"，复制一个布料的"细分曲面"对象，再删除原来的"细分曲面"，此操作是为了渲染效果图的时候不再重新进行布料模拟运算，如图 15.20 所示。

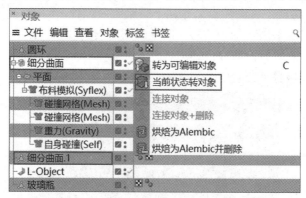

图 15.20　将布料模拟状态转为对象

步骤 12　在工具栏中的 细分曲面命令面板点击 "布料曲面"，将该命令拖曳到布料的"细分曲面"父级，在对象属性面板中设置布料厚度为 1 cm，如图 15.21 所示。

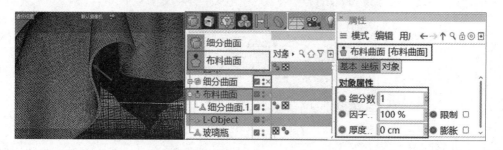

图 15.21　设置布料厚度

步骤 13　创建圆环曲线，选择"圆环"对象，按住 Alt 键点击工具栏 样条画笔面板中的 圆环，在圆环对象位置创建一个圆环样条线，在相应属性面板设置圆环样条线的半径，使圆环样条线与圆环对象重叠，如图 15.22 所示。

图 15.22　创建圆环样条线

步骤 14　将圆环样条线从圆环对象中拖曳出来成为独立对象，删除圆环对象，如图 15.23 所示。

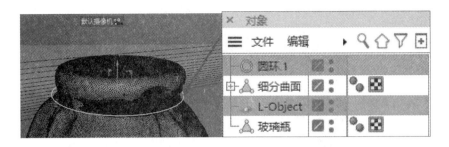

图 15.23　删除圆环三维模型

步骤 15　给圆环样条线添加 Reeper 绳索插件命令。点击菜单栏"扩展"下拉菜单的"Reeper 2.0"，将该命令拖曳到"圆环"样条线的父级，绳索初始状态会比较粗大，在"绳子对象"属性面板中调整绳索的"卷曲""半径""缕""距离"等参数，直至绳索自然地套在瓶口位置，如图 15.24 所示。

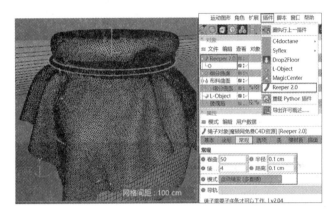

图 15.24　给圆环添加绳索插件命令

步骤 16　在 OC 渲染器窗口点击"纹理"→"Octane 漫射材质"，在材质面板新增 Octane 漫射材质，点击 Octane 漫射材质球，在其属性面板将"Diffuse|漫射"颜色设置为浅蓝色 (R170，G234，B235)，并将该材质拖曳到 L-Object 背景，如图 15.25 所示。

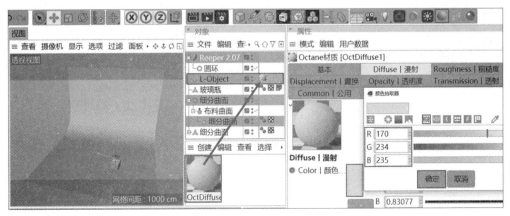

图 15.25　设置 Octane 漫射材质的颜色

步骤 17　复制 Octane 漫射材质球，点击"纹理"→"Octane 节点编辑器"，如图 15.26 所示。

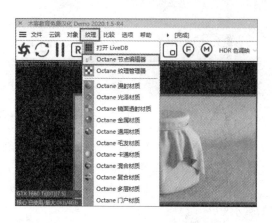

图 15.26　打开"Octane 节点编辑器"

步骤 18　将复制的 Octane 漫射材质球拖曳到 Octane 节点编辑器窗口，添加"图像纹理"，将其连线拖曳到凹凸选项，将"麻绳.tif"位图拖曳到着色器的文件输入框中，点击 UV 变换选项，设置"S.X"为 0.05，"S.Y"和"S.Z"等比缩放至 0.05，细化麻绳的纹理，将该材质拖曳到布料对象上，按相同的步骤设置绳索的颜色为红色，如图 15.27 所示。

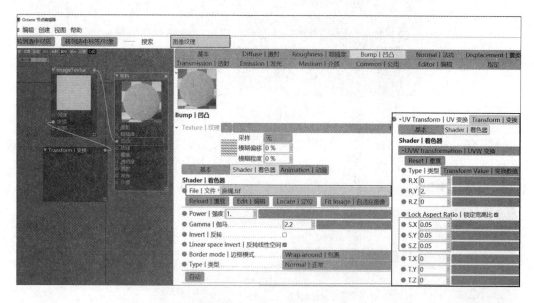

图 15.27　设置布料材质

步骤 19　点击 OC 渲染器窗口中的"对象"菜单，在其下拉菜单中选择 "Hdri 环境"创建 Octane 天空，按住 Shift + F8 键打开"内容浏览器"，搜索"HDR 预设"选择"真实室内模拟.hdr"，将其拖到 Octane 环境标签面板着色器文件中，设置"类型"为"浮点"，如图 15.28 所示。

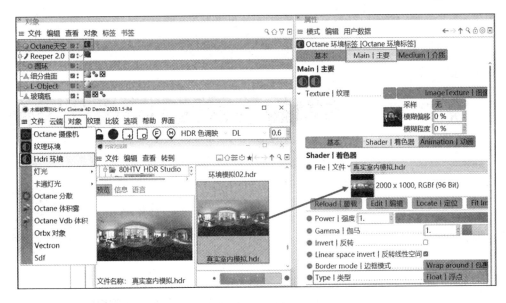

图 15.28 "Hdri 环境"

步骤 20 点击 OC 渲染器窗口中的"对象"→"Octane 摄像机",创建一个 Octane 摄像机,并设置摄像机对象焦距为"肖像(80 毫米)",如图 15.29 所示。

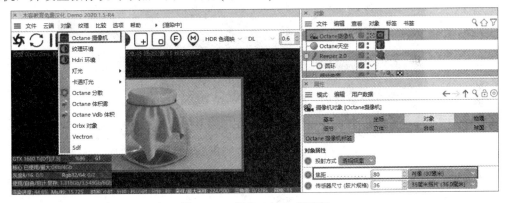

图 15.29 创建 Octane 摄像机

步骤 21 点击 OC 渲染器窗口中的"🔧 设置"工具,打开 Octane 设置对话框,设置路径追踪的"最大采样值"为 500,"漫射深度"为 16,"镜面深度"为 16,"散射深度"为 8,"全局光照修剪"为 1,点击"摄像机成像"选项卡的"成像",设置"滤镜曲线"为 DSCS315_2,点击"摄像机成像"选项卡的"降噪",勾选"开启降噪",点击"后期"选项卡,勾选"启用",设置辉光强度为 20,点击工具栏"🔧 编辑渲染设置",在渲染设置窗口选择 Octane Renderer 渲染器,设置"输出"为 1280 像素 × 720 像素,选择"保存"选项,设置"保存的格式"为 JPG,选择"Octane Renderer"选项,设置"图像颜色配置文件"为 sRGB,色调映射类型为色调映射,点击工具栏"▶️ 渲染到图片查看器工具",在图片查看器窗口预览渲染效果图,点击"💾 将图像另存为"图标,将渲染的最终效果图保存到指定位置,保存 C4D 工程项目并进行文件打包,点击菜单栏"文件"→"保存工程(包含资源)"选项,进行文件保存命名及打包。

项目 16　圈圈糖散落动力学模拟建模

项目描述

利用 C4D 动力学模拟创建圈圈糖散落的动力学模拟效果，如图 16.1 所示。

微课

图 16.1　圈圈糖散落的动力学模拟效果

具体要求如下：

(1) 在场景中创建一个亚克力透明糖果盒子。

(2) 创建圈圈糖模型，并使圈圈糖散落在糖果盒子里。

(3) 给场景及物体赋相应材质。

(4) 渲染输出 JPG 图像，输出大小为 1280 像素 × 720 像素，并保存 C4D 工程项目打包文件。

核心知识点

点击菜单栏"模拟"→"粒子"→"粒子发射器"，可以在场景中创建一个粒子发射器，如图 16.2 所示。

粒子发射器对象基本上是所有粒子的母体。使用此对象可以定义新创建的粒子的初始属性，如移动、速度等。此外，粒子发射器对象包含的选项卡可用于定义粒子的相应变化。粒子发射器"粒子"选项面板如图 16.2 所示。

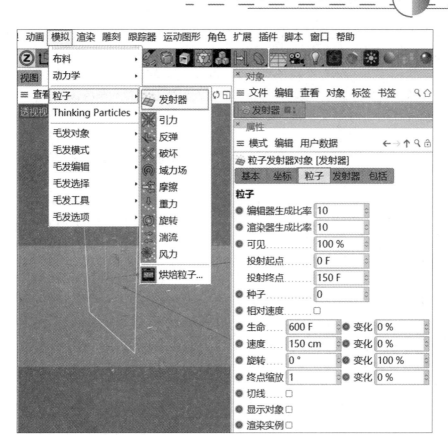

图 16.2 粒子发射器

图 16.2 中：

- "编辑器生成比率"：此项定义每秒要在视口中创建的粒子数。粒子从发射器的整个表面随机发射。

- "渲染器生成比率"：此项定义每秒要在渲染器中创建的粒子数。粒子从发射器表面随机发射。

- "可见"：此项定义应可见的粒子数。看似只提供了出生率设置，但是，无法对粒子系统中的某些参数(如出生率设置)进行动画处理。

- "投射起点""投射终点"：使用这些值来定义在帧中的粒子发射应该何时开始和结束。

- "种子"：此项用于创建粒子流的模式。如果复制一个发射器，那么两个发射器会生成完全相同的图案。如果希望每个流是唯一的，则需要将每个发射器的"种子"设置为不同的值。例如，"种子"值 1 将创建与"种子"值 0 完全不同的粒子流。

- "相对速度"：如果禁用此选项，则粒子的速度将是绝对的，并取决于发射器是否正在移动。如果定义的粒子速度为 100 cm/s，并且发射器在粒子发射方向上以 500 cm/s 的速度移动，则每个粒子仍将以 100 cm/s 的速度移动。如果启用此选项，则定义的速度将与发射器的速度一起添加。

- "生命"：此项给出粒子可见的时间长度。例如，如果将飞溅的火花设置为在 20 帧内可见，则粒子将在此时间之后消失。此值还控制时间轴中动画轨迹的长度。

- 生命"变化"：此项变异将偏差因子添加到生存期值，即根据变化值的大小，单个粒子可以存活更长或更短的时间。
- "速度"：此项指示单个粒子的速度，以每秒为单位。设置的值越高，粒子流在视口中显示的时间就越长。速度可以设置为 0。如果发射器已设置动画(例如，沿样条线移动)，并且希望发射器留下一条粒子痕迹，则这种方式可能很有用。如果使用负值，则发射器将在负 Z 方向上发射粒子流。
- 速度"变化"：变化会给速度带来随机性。100%的值可以使单个粒子的速度提高一倍。
- "旋转"：指定粒子围绕空间轴旋转的量。
- 旋转"变化"：将粒子围绕空间轴旋转变化的偏差因子添加到值中。
- "终点缩放"：此项定义粒子的最终大小相对于其初始大小缩放的值。例如，值为 0.5 会将颗粒收缩到其初始大小的一半。
- 终点缩放"变化"：为缩放定义了一个可变因子，以便粒子在动画结束时有时变大或变小。
- "切线"：如果禁用此选项，则单个对象粒子的局部 Z 轴将始终与发射器的 Z 轴对齐。如果发射器方向是动画的，则每个粒子的局部轴将在必要时旋转以保持此关系。当启用切向时，对象粒子的发射 Z 轴与发射器的 Z 轴对齐，但每个粒子的局部轴的方向不会随着发射器方向的变化而变化。
- "显示对象"：如果禁用此选项，则粒子将在视口中显示为行。每条线的方向和长度表示各自粒子的飞行方向和当前速度，线越长则粒子运动越快。
- "渲染实例"：此项可将发射器生成的对象根据内存使用进行优化。

粒子发射器"发射器"选项面板如图 16.3 所示。

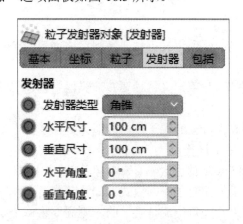

图 16.3　粒子发射器"发射器"选项面板

图 16.3 中：
- "发射器类型"：发射器类型可选择"角锥"和"圆锥"。
- "水平尺寸"和"垂直尺寸"：此项可设定发射器的大小，也可以使用缩放工具直接缩放发射器的大小。
- "水平角度"和"垂直角度"：此项可设置粒子的发射角度。

粒子发射器"包括"选项面板如图 16.4 所示。使用此设置可定义放置在修饰符中的粒子修饰符的效果是否应该被包括或排除。

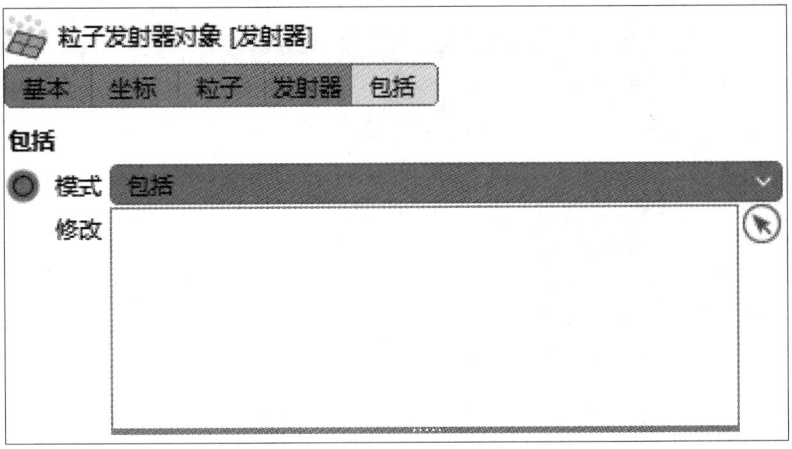

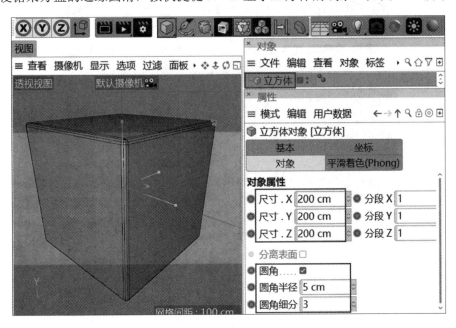

图 16.4　粒子发射器"包括"选项面板

项目实施

步骤 1　在 C4D 常用工具栏点击"　立方体"图标，在场景中创建一个长宽高均为 200 cm 的立方体，在其对象属性面板勾选"圆角"，设置"圆角半径"为 5 cm，"圆角细分"为 3，使糖果方盒的边缘圆滑，按快捷键 N～B 显示立方体的线条，如图 16.5 所示。

图 16.5　创建糖果方盒

步骤 2　按快捷键 C 将立方体转换为可编辑对象，点击并激活工具栏中的　边模式，按快捷键 K～L 执行循环/路径切割命令，在立方体上方 90%位置产生一条循环切割线，如图 16.6 所示。

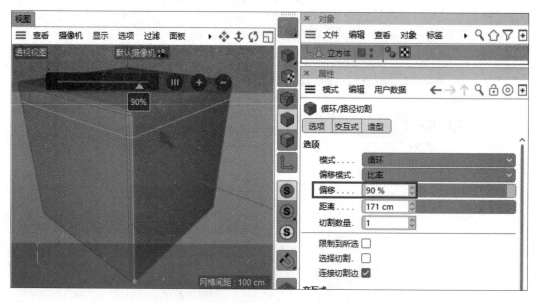

图 16.6   在立方体上方产生一条循环切割线

步骤 3   点击并激活 面选择模式，按 O 键激活框选工具，在透视视图中框选立方体切割线以上的部分，按快捷键 U~P 执行分裂命令，将切割线以上的部分与立方体进行分离，如图 16.7 所示。

图 16.7   分离盒盖

步骤 4   点击并激活 模型模式，在对象面板重命名"盒子"和"盒盖"，选择盒盖，激活 "启用轴心"工具，点击菜单栏"网格"→"轴心"→"轴居中到对象"，将盒盖轴心回到中心点，取消启用轴心，按快捷键 E 移动工具和快捷键 R 旋转工具将盒盖斜靠在方盒旁边，设置旋转角度为-60°，点击 "对齐地面"工具，分别将方盒和盒盖对齐地面放平，如图 16.8 所示。

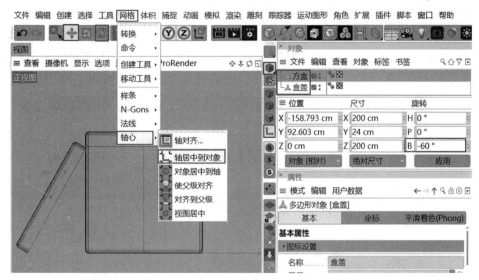

图 16.8　将盒盖斜靠在盒子旁边

步骤 5　选择"盒子"对象，点击并激活 多边形模式，按住数字键"0"在正视图框选盒子上端，按 Delete 键将盒子上方多余的盒盖删除，如图 16.9 所示。

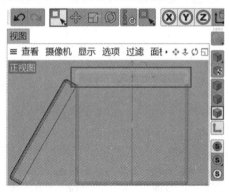

图 16.9　删除盒子顶部多余部分

步骤 6　框选整个盒子所有的多边形，按快捷键 M~T 执行挤压命令，将"挤压"属性面板的"偏移"值设置为 5 cm，使盒子产生一定的厚度，按此方法设置盒盖的厚度，如图 16.10 所示。

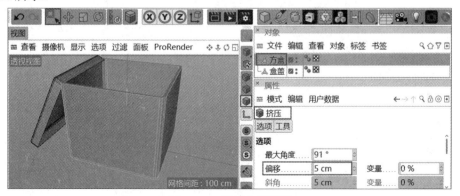

图 16.10　挤压盒子厚度

步骤 7   在 立方体面板下点击 管道，在视图中创建一个管道，重命名为"圈圈糖"，设置"内部半径"为 5 cm，"外部半径"为 20 cm，"高度"为 10 cm，勾选"圆角"复选框，设置"分段"为 3，"半径"为 2 cm，将圈圈糖放在方盒前方并对齐地面，按快捷键 C 将其转换为对象，再复制 2 个圈圈糖，任意摆放三个圈圈糖的位置，如图 16.11 所示。

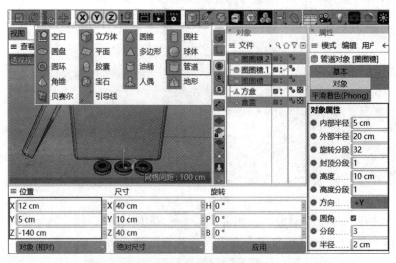

图 16.11   创建圈圈糖模型

步骤 8   单击菜单栏中的"模拟"下拉菜单的"粒子"→"发射器"，在对象面板中将 3 个圈圈糖都拖曳到"发射器"下，在"粒子发射器对象"属性面板设置"编辑器生成比率"为 15，"渲染器生成比率"为 15，"投射终点"为 150 F，"生命"为 500 F，"速度"为 350 cm，勾选"显示对象"复选框，将粒子发射器旋转−90°，设置其"水平和垂直尺寸"均为 190 cm，将发射器旋转在方盒上方中间位置，在动画帧将动画总帧数设置为 500 F，单击 "向前播放"预览圈圈糖掉落到盒子里的动画过程，如图 16.12 所示。

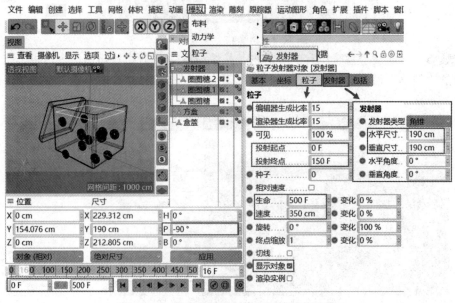

图 16.12   创建发射器制作圈圈糖掉落效果

步骤 9　预览糖果会穿过方盒掉落，需要给方盒添加碰撞标签，在方盒处单击鼠标右键，在弹出的菜单中选择"模拟标签"→"碰撞体"，在其属性面板设置"碰撞"外形为"静态网格"，使糖果间近距离相接，再设置"继承标签"为"应用标签到子级"，"独立元素"为"全部"，可以将碰撞应用到子级，如图 16.13 所示。

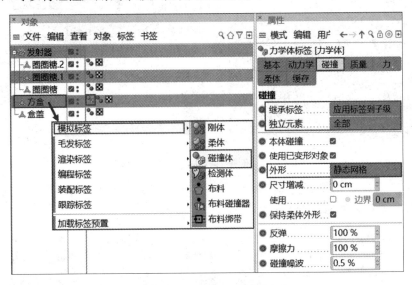

图 16.13　给方盒添加碰撞体标签

步骤 10　给圈圈糖添加刚体，选择圈圈糖并点击鼠标右键，在弹出的菜单中选择"模拟标签"→"刚体"，在其属性面板设置"碰撞"外形为"自动"，预览圈圈糖掉落动画，可以看到糖果逐渐填满方盒，创建各种形状的糖果，将其拖曳到发射器下面，如图 16.14 所示。

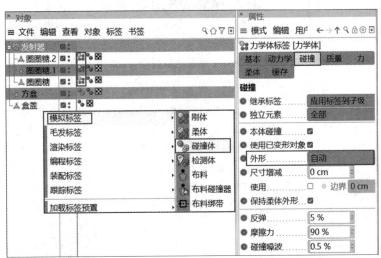

图 16.14　给圈圈糖添加刚体标签

步骤 11　点击" L-Object"工具，创建糖果盒子的环境背景，创建 OC 漫射材质，设置其"Diffuse|漫射"属性面板的颜色为浅蓝色(R194，G223，B236)，并将该材质赋给 L-Object 地面，如图 16.15 所示。

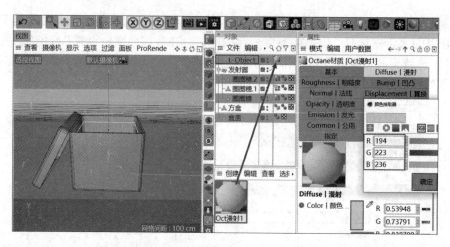

图 16.15　创建 L-Object 对象并赋材质

步骤 12　在 OC 渲染器窗口点击"纹理"→"Octane 镜面透射材质",并将该材质拖曳到方盒和盒盖对象,如图 16.16 所示。

图 16.16　创建 Octane 镜面透射材质并赋给糖果盒子

步骤 13　新增一个 Octane 光泽材质,设置其漫射颜色为红色,粗糙度为 0.3,按 Ctrl + C 复制该红色材质球,按 Ctrl + V 粘贴 2 个材质球,分别将 2 个光泽材质球颜色设置为黄色和绿色,将红、黄、绿材质分别赋给对象中的三个圈圈糖,如图 16.17 所示。

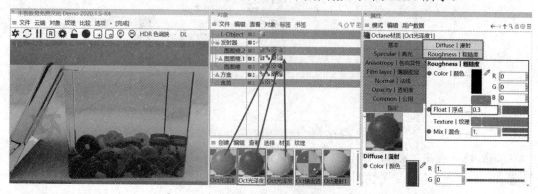

图 16.17　设置圈圈糖材质

步骤 14　点击 OC 渲染器窗口下的"对象"菜单，在其下拉菜单中选择 "Hdri 环境"创建 Octane 天空，按住 Shift + F8 键打开"内容浏览器"，搜索"HDR 预设"选择"真实室内模拟.hdr"，将其拖到 Octane 环境标签面板着色器文件中，设置"类型"为"浮点"，如图 16.18 所示。

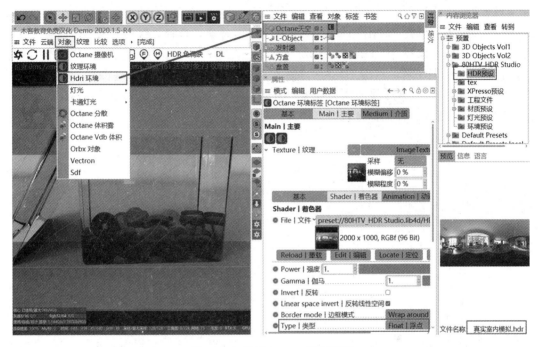

图 16.18　设置 Octane 天空环境

步骤 15　在 OC 渲染器窗口点击"对象"→"Octane 摄像机"，创建一个 Octane 摄像机，并设置摄像机对象焦距为"肖像(80 毫米)"，如图 16.19 所示。

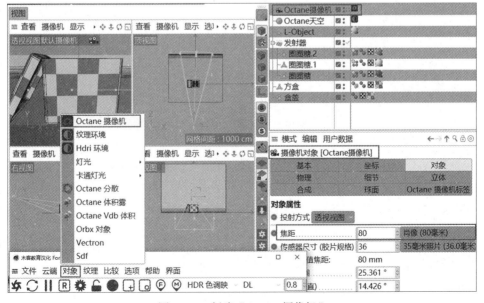

图 16.19　创建"Octane 摄像机"

步骤 16　　点击 OC 渲染器窗口的"🔧 设置"工具，打开 Octane 设置对话框，设置路径追踪的"最大采样值"为 500，"漫射深度"为 16，"镜面深度"为 16，"散射深度"为 8，"全局光照修剪"为 1，单击"摄像机成像"选项卡的"成像"，设置"滤镜曲线"为 DSCS315_2，点击"摄像机成像"选项卡的"降噪"，勾选"开启降噪"，点击"后期"选项卡，勾选"启用"，设置"辉光强度"为 20，点击工具栏"⚙ 编辑渲染设置"，在渲染设置窗口选择 Octane Renderer 渲染器，设置"输出"为 1280 像素 × 720 像素，选择"保存"选项，设置"保存的格式"为 JPG，选择"Octane Renderer"选项，设置"图像颜色配置文件"为 sRGB，色调映射类型为色调映射，点击工具栏"▶ 渲染到图片查看器工具"，在图片查看器窗口预览渲染效果图，点击"🖼 将图像另存为"图标，将渲染的最终效果图保存到指定位置，保存 C4D 工程项目并进行文件打包，点击菜单栏"文件"→"保存工程(包含资源)"选项，进行文件保存命名及打包。

参 考 文 献

[1] 曹茂鹏. 中文版 Cinema 4D R21 从入门到精通(微课视频 全彩版)[M]. 北京：中国水利水电出版社，2021.

[2] 陈林鼎. C4D&Octane 渲染器材质与灯光设计从新手到高手[M]. 北京：清华大学出版社，2022.

[3] 任媛媛. 中文版 Cinema 4D R21 完全自学教程[M]. 北京：人民邮电出版社，2021.

[4] 周永强. C4D 三维动画设计与制作[M]. 北京：电子工业出版社，2020.

[5] 张优优. 做 C4D Cinema 4D 电商视觉设计教程[M]. 北京：电子工业出版社，2022.

[6] 章访. 新印象 Cinema 4D/Octane 商业动画制作技术与项目精粹[M]. 北京：人民邮电出版社，2022.